科学第一视野
KEXUEDIYISHIYE

[权威版]

声音与音乐

SHENGYINYUYINYUE

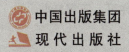

中国出版集团
现代出版社

图书在版编目（CIP）数据

声音与音乐 / 杨华编著 . — 北京：现代出版社，2013.1

（科学第一视野）

ISBN 978-7-5143-1025-2

Ⅰ . ①声… Ⅱ . ①杨… Ⅲ . ①声学 – 青年读物②声学 – 少年读物③音乐 – 青年读物④音乐 – 少年读物 Ⅳ . ① O42-49 ② J6-49

中国版本图书馆 CIP 数据核字 (2012) 第 292927 号

声音与音乐

编　　著	杨　华
责任编辑	刘春荣
出版发行	现代出版社
地　　址	北京市安定门外安华里 504 号
邮政编码	100011
电　　话	010-64267325　010-64245264（兼传真）
网　　址	www. xdcbs. com
电子信箱	xiandai@ cnpitc. com. cn
印　　刷	汇昌印刷（天津）有限公司
开　　本	710mm × 1000mm　1/16
印　　张	10
版　　次	2014 年 12 月第 1 版　2021 年 3 月第 3 次印刷
书　　号	ISBN 978-7-5143-1025-2
定　　价	29.80 元

版权所有，翻印必究；未经许可，不得转载

前言 PREFACE

声音看不见，摸不着，是一种十分奇妙的东西。正如俄罗斯诗人涅克拉索夫所描述的那样：

谁都没有看到过它，

听呢，——每个人都听到过。

没有形体，可是它活着，

没有舌头——却会喊叫……

其实，声音并不是什么神秘莫测的微妙物质，它只不过是振动物体发出的一种波——声波。在世界的每个角落，你都能找到声音的影子。它们有的很神秘，有的令你毛骨悚然，有的使你感到趣味无穷。

而音乐是我们的世界里最动听的声音。音乐使我们重新体验到生命的律动，使我们感到一切都那么美好。当音乐在我们耳畔响起时，当我们进入真正的音乐体验时，当我们正在感受音乐之美时，我们切切实实感受到，在我们的内心深处已经筑起了一座座不朽的丰碑、一座座神圣的宫殿……

生活中不能没有音乐，人生中更不能缺少音乐，青少年朋友们更不可缺少音乐知识。愿你们在本书的引导下，能更深入地体会到音乐艺术的魅力。在体会乐趣的同时，听出人生的真谛，感受世界的真善美，体会时代的脉搏。人应该求真、向善、乐美，正如我们的先哲所说："兴于诗，立于礼，成于乐。"我们没有理由拒绝音乐，更应该成为高山流水的知音、交响管弦的朋友！

本书共有5章：第一章走近声音，第二章神奇的声音，第三章有趣的声音，第四章音乐趣谈，第五章中外乐器大观。

Contents 目录 >>

第一章 走近声音

关于声音 2
认识声波 4
次声波的功与过 8
超声波的应用 12
声波的多普勒效应 15
我们的耳朵 17
我们的语音 19

第二章 神奇的声音

最安静的地方 24
极光的声音 25
会"唱歌"的沙子 27
母亲的声音 29
听音窃密 31
水下"千里眼" 35
带奥尼歇斯的耳朵 36
神秘的怪声 38

离奇的古塔 43
隆隆的雷声 47
断桥之谜 49
杀人的声音 51
危险的声音 55

第三章 有趣的声音

暖水瓶会唱歌 58
声波牙刷 59
肌肉的"叫声" 61
嗓门大充电多 62
听诊器的秘密 63
共振音响 67
建筑里的声音 69
舞台上的声音 70
水会说话 72
"能听会说"的纤维 74
植物的"窃窃私语" 75
鲸变"高音" 77
海豚的语言 78
蝙蝠的秘密武器 80
大象的"歌声" 81
孔雀的"交谈" 82

第四章 音乐趣谈

何谓音乐 86
音乐的起源 88
音乐理论 90
中国音乐 91
西方音乐 107
胎教音乐 114
早教音乐 117
音乐疗法 119

第五章 中外乐器大观

中国民族民间乐器 124
西方乐器 128
笛　子 129
管　子 132
笙 133
箫 134
唢　呐 136
鼓 138
二　胡 141
马头琴 143
小提琴 145
筝 148
琵　琶 149
钢　琴 151

第一章
走近声音

一根振动着的竹片不间歇地敲打水面,水面就会泛起层层波纹,不断扩大并向外传出去,这就是我们都知道的水波。同样道理,当发声物体振动时,在它周围也会形成一层层不断向外扩展的波纹,这就是声波。如果传播中的声波进入了人耳,它还会引起人耳内鼓膜的振动,于是我们就听到声音了。声音还有很多你不知道的秘密,跟我一起去看一看吧!

关于声音

声音是由物体振动产生的，正在发声的物体叫声源。声音以声波的形式传播。声音只是声波通过固体或液体、气体传播形成的运动。声波振动内耳的听小骨，这些振动被转化为微小的电子脑波，它就是我们觉察到的声音。内耳采用的原理与麦克风捕获声波或扬声器的发音一样，它是移动的机械部分与气压波之间的关系。

先从声源说起。用鼓槌捶击军鼓，鼓槌捶击在鼓头的穹形鼓皮上，鼓皮振动，振动的鼓皮就会推动空气，产生从鼓头和鼓体发出并散开的压力波，因此"压力波"从声源向外发出并散开。为了证明这一点，向公园内的池塘或家中的水槽内抛入一块石头，看看落入水中的物体产生的水波是如何从被干扰的波源散开的。另外注意，如果抛入水槽或像碗一样的封闭容器中，波纹或振动是如何碰到边缘、然后从壁上反弹回来的。观察封闭容器内的波纹或水波，就给了你一些声音是如何在封闭的屋子里运动，从墙壁上反弹回的概念。另外注意，石头或石块越大，产生波纹的间距就远远比小物体的要大。

声音的传播需要物质，物理学中把这种物质称作介质。声音的传播最关键的因素是要有介质，介质指的是所有固体、液体和气体，这是声音能传播的前提，所以，真空环境中不能传播声音。

声音的传播速度随物质的坚韧性的增大而增加，随物质的密度减小而减少。比如：声音在冰中的传播速度比声音在水中的传播速度快。冰的坚韧性比水的坚韧性强，但是水的密度大于冰，这减小了声音在水与冰中的传播速度的差距。

声音在不同的介质中传播的速度也是不同的。声音的传播速度跟介质的反抗平衡力有关。反抗平衡力就是当物质的某个分子偏离其平衡位置时，

其周围的分子就要把它挤回到平衡位置上,而反抗平衡力越大,声音就传播得越快。水的反抗平衡力要比空气的大,而铁的反抗平衡力又比水的大。

声音的传播也与温度有关,声音在热空气中的传播速度比在冷空气中的传播速度快。声音在空气中的速度随温度的变化而变化,温度每上升/下降5℃,声音的速度上升/下降3m/s。

声音在不同介质中的传播速度如下所列:

空气(15℃):340m/s,

空气(25℃):346m/s,

水(常温):1 500m/s,

海水(25℃):1 530m/s,

钢铁:5 200m/s,

冰:3 160m/s,

软木:500m/s

声音的传播还与阻力有关,当遇到刮风的天气时,声音传播的速度就慢得多。

声音的本质是波动。受作用的空气发生振动,当振动频率在20~20 000Hz时,作用于人的耳鼓膜而产生的感觉称为听觉。声源可以是固体,也可以是流体(液体和气体)的振动。声音的传媒介质有空气、水和固体,它们分别称为空气声、水声和固体声等。噪声监测主要讨论空气声。

■ 图与文

声音还会因外界物质的阻挡而发生折射,例如人面对群山呼喊时,就可以听得到自己的回声。另一种折射的情况是:晚上声音传播得要比白天远,是因为白天声音在传播的过程中,遇到了上升的热空气,从而把声音快速折射到了空中;晚上冷空气下降,声音会沿着地表慢慢地传播,不容易发生折射。

科学第一视野 | KEXUE DIYI SHIYE

呼啸而来的火车

人类是生活在一个声音的环境中，通过声音进行交谈、表达思想感情，以及开展各种活动，但有些声音也会给人类带来危害。例如：震耳欲聋的机器声，呼啸而过的飞机声等。这些不被人们生活和工作所需要的声音称为噪声。从物理现象判断，一切无规律的或随机的声信号都是噪声；噪声的判断还与人们的主观感觉和心理因素有关，即一切不希望存在的干扰声都是噪声，例如：在某些时候，某些情绪条件下音乐也可能称为噪声。

环境噪声的来源有4种：一是交通噪声，包括汽车、火车和飞机等所产生的噪声；二是工厂噪声，如鼓风机、汽轮机、织布机和冲床等所产生的噪声；三是建筑施工噪声，如打桩机、挖土机和混凝土搅拌机等发出的声音；四是社会生活噪声，例如：高音喇叭、收录机等发出的过强声音。

认识声波

声源体发生振动会引起四周空气的振荡，那种振荡方式就是声波。声以波的形式传播着，我们把它叫做声波。声波借助各种媒介向四面八方传播。在开阔空间的空气中那种传播方式像逐渐吹大的肥皂泡，是一种球形的阵面波。声音是指可听声波的特殊情形，例如对于人耳的可听声波，当那种

阵面波达到人耳位置的时候,人的听觉器官会有相应的声音感觉。除了空气、水、金属、木头等也都能够传递声波,它们都是声波的良好媒质。

扬声器、各种乐器,以及人和动物的发声器官等都是声源体。地震震中、闪电源、雨滴、刮风、随风飘动的树叶、昆虫的翅膀等各种可以活动的物体都可能是声源体。它们引起的声波都比正弦波复杂,属于复合波。地震产生多种复杂的波动,其中包括声波,实际上那种声波本身是人耳听不到的,它的频率太低了(如1Hz)。

正常人能够听见频率从20Hz到20 000Hz的声音,而老年人的高频声音减少至10 000Hz(或可以低至6 000Hz)左右。人们把频率高于20 000Hz的声波称为超声波,低于20Hz的声波称为次声波。超声波(高于20 000Hz)和正常声波(20Hz～20 000Hz)遇到障碍物后会向原传播方向的反方向传播,而部分次声波(低于20Hz)可以穿透障碍物,俄罗斯在北冰洋进行的核试验产生的次声波曾经环绕地球5圈。超低频率次声波比其他声波(10Hz以上的声波)对人更具破坏力,一部分可引起人体血管破裂导致

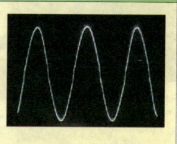

■图与文

正弦波是最简单的波动形式。优质的音叉振动发出声音的时候,产生的是正弦声波。正弦声波属于纯音。任何复杂的声波都是多种正弦波叠加而成的复合波,它们是有别于纯音的复合音。正弦波是各种复杂声波的基本单元。

死亡,但是这类声波的产生条件极为苛刻,人能遇上的几率很低。人的发声频率在100Hz(男低音)到10 000Hz(女高音)范围内。

蝙蝠就能够听到频率高达120 000Hz的超声波,它发出的声波频率也可达到120 000Hz。蝙蝠发出的声音,频率通常在45 000Hz到90 000Hz范围内。狗能够听到高达50 000Hz的超声波,猫能够听见高达60 000Hz以上的超声波,但是狗和猫发出的声音,都在几十到几千赫兹范围内。

蝴蝶的翅膀扇动频率很小,每秒大约5次,所以我们一般听不到蝴蝶

蝴蝶的翅膀

翅膀扇动的声音。

声波是大气压力之外的一种超压变化。空气粒子振动的方式跟声源体振动的方式一致，当声波到达人的耳鼓的时候，就引起耳鼓同样方式的振动。驱动耳鼓振动的能量来自声源体，它就是普通的机械能。不同的声音就有不同的振动方式，它们能够起区别不同信息的作用。人耳能够分辨风声、雨声和不同人的声音，也能分辨各种言语声，它们都是来自声源体的不同信息波。

言语声是按人类群体约定的方式使用的，它包含语言学信息。人们以同样的方式来使用言语声，才能够达到互相理解的目的。反复不断的交际活动和交际过程中的趋同作用使那种约定能够不断持续下去。幼儿是通过交际学会使用那种约定好的言语声的。那种约定也会在几代人长期使用的过程中逐渐改变，语言也就有了演变。三世、四世同堂的家庭中已经可以觉察出细微的演变来。

请注意，声波不是冲击波，声波前进的过程是相邻空气粒子之间的接力赛，它们把波动形式向前传递，它们自己仍旧在原地振荡，也就是说空气粒子并不跟着声波前进！同样，在语音研究中，要区分气流与声波，它们是两回事。在发音器官里，声带、舌尖或小舌的颤动，以及辅音噪声的形成等，都离不开气流的作用，但是气流不是声波的代名词。

另外,即使没有其他声源体的作用,空气粒子总是在做无规则的震荡,或者说它们总是在骚动,它们激发起微弱的"白噪声"。绝对静寂的大气空间是不存在的。所谓背景噪声还包括自然界或人类生活环境里许多声源体杂乱的声音,对于言语交际来说它们没有信息价值。居室四壁或陡峭的山坡还有回声效应,噪声被放大、被增强了。言语声和它的滞后的回声叠加在一起,变成复杂的回响声。电声仪器设备里也都有白噪声。那种没有通信价值的噪声很强烈的时候,人们会心烦意乱。有意思的是,在噪声极小的消声室待久了,人们会感到心绪不宁。音乐中恰当使用沙锤之类的噪声带来的是艺术欣赏价值。人类语言里的许多辅音都包含噪声,它们很重要,能够起区分辅音的作用。

"声源"在空气中振动时,一会儿压缩空气,使其变得"稠密";一会儿空气膨胀,变得"稀疏",形成一系列疏、密变化的波,将振动能量传送出去。这种媒介质点的振动方向与波的传播方向一致的波,称为"纵波"。不过要注意,声波虽然一般是纵波,但在固体中传播时,也可以同时有纵波及横波,横波速度约为纵波速度的50%~60%。在空气中的声波是纵波,原因是气体或液体(合称流体)不能承受切力,因此声波在流体中传播时不可能为横波;但固体不仅可承受压(张)应力,也可以承受切应力,因此在固体中可以同时有纵波及横波。

地震波其实就是在地壳中传播的声波(确切讲是次声波),只是它的频率通常不在我们可听闻的范围内(某些动物则听闻得到)。虽然次声波看不见,听不见,可它却无处不在。地震、火山爆发、风暴、海浪冲击、枪炮发射、热核爆炸等都会产生次声波,科学家借助仪器可以"听到"它。

次声波的功与过

1883年8月,南苏门答腊岛和爪哇岛之间的克拉卡托火山爆发,产生的次声波绕地球3圈,全长10多万千米,历时108小时。1961年,前苏联在北极圈内新地岛进行核试验激起的次声波绕地球转了5圈。

■ 图与文

次声波的传播速度和可闻声波相同,由于次声波频率很低,大气对其吸收甚小,当次声波传播几千千米时,其吸收还不到万分之几,所以它传播的距离较远,能传到几千米至十几万千米以外。

次声波还具有很强的穿透能力,可以穿透建筑物、掩蔽所、坦克、船只等障碍物。7 000Hz的声波用一张纸即可阻挡,而7Hz的次声波可以穿透十几米厚的钢筋混凝土。地震或核爆炸所产生的次声波可将岸上的房屋摧毁。次声如果和周围物体发生共振,能放出相当大的能量,如4~8Hz的次声能在人的腹腔里产生共振,可使心脏出现强烈的共振和肺壁受损。

次声波会干扰人的神经系统的正常功能,危害人体的健康。一定强度的次声波,能使人头晕、恶心、呕吐、丧失平衡感,甚至精神沮丧。有人认为,晕车、晕船就是车、船在运行时伴生的次声波引起的。住在十几层高的楼房里的人,遇到大风天气,往往感到头晕、恶心,这也是因为大风使高楼摇晃产生次声波的缘故。更强的次声波还能使人耳聋、昏迷、精神失常,甚至死亡。

从20世纪50年代起,核武器的发展对次声学的建立起了很大的推动作用,使得对次声接收、抗干扰方法、定位技术、信号处理和传播等方面的

声音与音乐

研究都有了很大的发展,次声的应用也逐渐受到人们的注意。其实,次声的应用前景十分广阔,大致有以下几个方面:

研究自然次声的特性和产生机制,预测自然灾害性事件。例如台风和海浪摩擦产生的次声波,由于它的传播速度远快于台风移动的速度,因此人们可以利用一种叫"水母耳"的仪器,

雷 暴

监测风暴发出的次声波,即可在风暴到来之前发出警报。利用类似的方法,也可预报火山爆发、雷暴等自然灾害。

通过测定自然或人工产生的次声在大气中传播的特性,可探测某些大规模气象过程的性质和规律,如沙尘暴、龙卷风,及大气中电磁波的扰动等。

通过测定人和其他生物的某些器官发出的微弱次声的特性,可以了解人体或其他生物相应器官的活动情况。例如人们研制出的"次声波诊疗仪",可以检查人体器官工作是否正常。

1890年,一艘名叫"马尔波罗号"的帆船在从新西兰驶往英国的途中,突然神秘地失踪了。20年后,人们在火地岛海岸边发现了这艘船。奇怪的是:船上的开关都原封未动,完好如初。船长航海日记的字迹仍然依稀可辨;就连那些已死多年的船员,也都"各在其位",保持着当年在岗时的"姿势";1948年初,一艘荷兰货船在通过马六甲海峡时,一场风暴过后,全船海员莫名其妙地死光了;在匈牙利鲍拉得利山洞入口,3名旅游者齐刷刷地突然倒地,停止了呼吸……

上述惨案,引起了科学家们的普遍关注,其中不少人还对船员的遇难

图与文

次声在军事中的应用,利用次声的强穿透性制造出能穿透坦克、装甲车的武器,次声武器——一般只伤害人员,不会造成环境污染。

原因进行了长期的研究。就开头的那桩惨案来说,船员们是怎么死的?是死于天火还是雷击?不是,因为船上没有丝毫燃烧的痕迹;是死于海盗的刀下吗?不!遇难者遗骸上未看到死前打斗的迹象;是死于饥饿干渴吗?也不是!船上当时贮存着足够的食物和淡水。至于提到的第二桩和第三桩惨案,是自杀还是他杀?死因何在?凶手是谁?检验的结果是:在所有遇难者身上,都没有找到任何伤痕,也不存在中毒迹象。显然,谋杀或者自杀之说已不成立。那么,是心脑血管一类的疾病突然发作致死的吗?法医的解剖报告表明,死者生前个个都很健壮!

经过反复调查,终于弄清了制造上述惨案的"凶手",是一种为人们所不很了解的次声波。次声波是一种每秒钟振动数很少,人耳听不到的声波。次声的声波频率很低,一般均在20Hz以下,波长却很长,传播距离也很远。它比一般的声波、光波和无线电波都要传播得远。例如,频率低于1Hz的次声波,可以传到几千以至上万千米以外的地方。1960年,南美洲的智利发生大地震,地震时产生的次声波传遍了全世界的每一个角落!

为什么次声波能置人于死地呢?原来,人体内脏固有的振动频率和次声频率相近似(0.01~20Hz)。倘若外来的次声频率与人体内脏的振动频率相似或相同,就会引起人体内脏的"共振",从而使人产生上面提到的头晕、烦躁、耳鸣、恶心等一系列症状。特别是当人的腹腔、胸腔等固有的振动频率与外来次声频率一致时,更易引起人体内脏的共振,使人体内脏受损而丧命。前面提到的发生在马六甲海峡的那桩惨案,就是因为这艘货船在驶近该海峡时,恰巧遇到海上起了风暴。风暴与海浪摩擦,产生了次声波。

声音与音乐

次声波使人的心脏及其他内脏剧烈抖动、狂跳,以致血管破裂,最后造成死亡。

次声虽然无形,但它却时刻在产生并威胁着人类的安全。在自然界,例如太阳磁暴、海峡咆哮、雷鸣电闪、气压突变;在工厂,机械的撞击、摩擦;军事上的原子弹、氢弹爆炸试验等,都可以产生次声波。

由于次声波具有极强的穿透力,因此国际海难救助组织就在一些远离大

氢弹爆炸试验

陆的岛上建立起"次声定位站",监测着海潮的洋面。一旦船只或飞机失事,可以迅速测定方位,进行救助。

近年来,一些国家利用次声能够"杀人"这一特性,致力于研制次声武器——次声炸弹的研制尽管眼下尚处于研制阶段,但科学家们预言:只要次声炸弹一声爆炸,转瞬之间,在方圆十几千米的地面上,所有的人都将被杀死,且无一人能够幸免。次声武器能够穿透15米的混凝土和坦克钢板,人即使躲到防空洞或钻进坦克的"肚子"里,也还是一样地难逃残废或死亡的厄运。次声炸弹和中子弹一样,只杀伤生物而无损于建筑物,但两者相比,次声弹的杀伤力远比中子弹强得多。

超声波的应用

超声波是频率高于 20 000Hz 的声波，它方向性好，穿透能力强，易于获得较集中的声能，在水中传播距离远，可用于测距、测速、清洗、焊接、碎石、杀菌消毒等。在医学、军事、工业、农业上有很多的应用。超声波因其频率下限大约等于人的听觉上限而得名。

理论研究表明，在振幅相同的条件下，一个物体振动的能量与振动频率成正比，超声波在介质中传播时，介质质点振动的频率很高，因而能量很大。在中国北方干燥的冬季，如果把超声波通入水罐中，剧烈的振动会使罐中的水破碎成许多小雾滴，再用小风扇把雾滴吹入室内，就可以增加室内空气的湿度，这就是超声波加湿器的原理。如咽喉炎、气管炎等疾病，很难利用血流使药物到达患病的部位，利用加湿器的原理，把药液雾化，让病人吸入，能够提高疗效。

利用超声波巨大的能量还可以使人体内的结石做剧烈的受迫振动而破碎，从而减缓病痛，达到治愈的目的。超声波在医学方面应用非常广泛，像现在的彩超、B超、碎石（例如胆结石、肾结石等），还能破坏细菌的结构，对物品进行杀菌消毒。

超声和可闻声本质上是一致的，它们的共同点都是一种机械振动模式，通常以纵波的方式在弹性介质中会传播，是一种能量的传播形式，其不同点是超声波频率高，波长短，在一定距离内沿直线传播，具有良好的束射性和方向性。目前腹部超声成像所用的频率范围在 2 兆 ~ 5 兆 Hz，常用为 3 兆 ~ 3.5 兆 Hz。

超声波在媒质中的反射、折射、衍射、散射等传播规律，与可听声波的规律没有本质上的区别，但是超声波的波长很短，只有几厘米，甚至千分之几毫米。与可听声波比较，超声波具有许多奇异特性。

传播特性——超声波的波长很短,通常的障碍物的尺寸要比超声波的波长大好多倍,因此超声波的衍射本领很差,它在均匀介质中能够定向直线传播,超声波的波长越短,该特性就越显著。

功率特性——当声音在空气中传播时,推动空气中的微粒往复振动而对微粒做功。声波功率就是表示声波做功快慢的物理量。在相同强度下,声波的频率越高,它所具有的功率就越大。由于超声波频率很高,所以超声波与一般声波相比,它的功率是非常大的。

空化作用——当超声波在液体中传播时,由于液体微粒的剧烈振动,会在液体内部产生小空洞。这些小空洞迅速胀大和闭合,会使液体微粒之间发生猛烈的撞击作用,从而产生几千到上万个大气压的压强。微粒间这种剧烈的相互作用,会使液体的温度骤然升高,起到了很好的搅拌作用,从而使两种不相溶的液体(如水和油)发生乳化,且加速溶质的溶解,加速化学反应。这种由超声波作用在液体中所引起的各种效应,称为超声波的空化作用。

研究超声波的产生、传播、接收,以及各种超声效应和应用的声学分支叫超声学。产生超声波的装置有机械型超声发生器(例如气哨、汽笛和液哨等)、利用电磁感应和电磁作用原理制成的电动超声发生器,以及利用压电晶体的电致伸缩效应和铁磁物质的磁致伸缩效应制成的电声换能器等。

医学超声波检查的工作原理与声呐有一定的相似性,即将超声波发射到人体内,当它在体内遇到界面时会发生反射及折射,并且在人体组织中可能被吸收而衰减。因为人体各种组织的形态与结构是不相同的,因此其

超声波清洗机

反射与折射，以及吸收超声波的程度也就不同，医生们正是通过仪器所反映出的波型、曲线，或影像的特征来辨别它们。此外，再结合解剖学知识、正常与病理的改变，便可诊断所检查的器官是否有病。

清洗的超声波应用原理是由超声波发生器发出的高频振荡信号，通过换能器转换成高频机械振荡而传播到介质，清洗溶剂中超声波在清洗液中疏密相间的向前辐射，使液体流动而产生数以万计的微小气泡，存在于液体中的微小气泡（空化核）在声场的作用下振动，当声压达到一定值时，气泡迅速增长，然后突然闭合，在气泡闭合时产生冲击波，在其周围产生上千个大气压力，破坏不溶性污物而使它们分散于清洗液中。当团体粒子被油污裹着而黏附在清洗件表面时，油被乳化，固体粒子即脱离，从而达到清洗件表面净化的目的。

相比其他多种的清洗方式，超声波清洗显示出了巨大的优越性，尤其在专业化、集团化的生产企业中，已逐渐用超声波清洗机取代了传统的浸洗、刷洗、压力冲洗、振动清洗和蒸气清洗等工艺方法。超声波清洗机的高效率和高清洁度，得益于其声波在介质中传播时产生的穿透性和空化冲击力，所以很容易将带有复杂外形、内腔和细空的零部件清洗干净，对一般的除油、防锈、磷化等工艺过程，在超声波作用下只需两三分钟即可完成，其速度比传统方法可提高几倍，甚至几十倍，清洁度也能达到高标准。这在许多对产品表面质量和生产率要求较高的场合，更突出显示了用其他处理方法难以达到或不可取代的结果。

■ 图与文

超声波是具有机械作用、温热作用和化学作用的振动波。超声波美容仪利用超声波的三大作用，在人体面部进行治疗，以达到美容的目的。

声音与音乐

声波的多普勒效应

多普勒是19世纪奥地利著名的物理学家。1842年,他发现了一种奇妙的现象:如果一个发声物体相对人们发生运动,那么人们听到的声音的音调就会和静止时不同:接近时音调升高,远离时音调降低。这种现象后人称作多普勒效应。

在战场上,当空中炮弹飞来时,人们听到炮弹飞行的声音音调逐渐升高;而当炮弹掠过头顶飞过去以后,炮弹飞行的声音音调会逐渐降低。这也是一种多普勒效应。

多普勒效应的产生并不奇怪。我们说过,人耳听到的声音的音调,是由声源(即振动物体)的振动频率决定的,这是就声源相对人静止不动的情况而言的。这时,声源每秒钟振动多少次,它每秒钟就发出多少个声波,当然人耳就接收到多少个声波,人耳鼓膜的振动频率与声源的振动频率相同。可是,当声源相对人运动时,情况就不同了。如果声源以某种速度向人靠近,这时声源每秒钟的振动次数(即频率)仍不变,它每秒钟发出的声波个数也不变,但因声源与人的距离逐渐缩短,波与波之间挤在了一起,因此每秒钟传入人耳的声波个数却增加了,即人耳鼓膜的振动频率增大了,所以听到的声音音调就会提高。反之,声源若以某种速度离人而去,则人耳每秒钟接收到的声波个数就会减少,所以听到的声音音调自然就要降低了。这就是多普勒效应产生的原因。

声源的运动速度越快,它所产生的多普勒效应也就越显著。有经验的铁路工人,根据火车汽笛音调的变化,能够知道火车运动的快慢和方向;久经沙场的老兵,在战场上根据炮弹飞行时音调的变化,能够判断其危险性,他们实际上就是利用了多普勒效应。

从以上分析我们还可看出,多普勒效应的实质,就是观测者(人或仪器)

所接收的声波的频率，随着声源的运动而改变。静止时，它等于声源的频率，运动时，要高于或低于声源的频率；运动速度越大，这种变化也就越大。很显然，由于声源运动所带来的观测者接收的声波频率的变化，也就为人们研究声源的运动提供了依据。正是利用这一点，科学家为多普勒效应找到了广泛的用武之地。例如，现代舰艇为了探索水下目标（潜水艇、海礁等），都安装了回声探测仪器，通过向水下发射声波信号和接收从目标反射回来的回声信号，来确定目标的存在及其距离。如果在探测仪器上再加装上一套装置，用来检测回声频率的变化，就能知道目标是否运动以及如何运动，而且根据频率变化的大小，还能推算出目标运动的速度。又如，医学上近年出现了利用多普勒效应的诊断仪器，它通过声波在体内运动器官（如心脏等）反射回来的回声频率的改变，来探测人体内脏器官因病变引起的运动异常情况。

回声探测仪器

其实，自然界中不仅声波在传播中能产生多普勒效应，其他形式的波在传播中也存在多普勒效应。例如，很早天文学家就发现，从遥远的星球发来的光波的频率，都小于地球上静止的同种光源的频率，却一直得不到科学的解释。后来，人们通过深入的研究才知道，这是由于星球运动产生的光波多普勒效应造成的。它表明宇宙间的一切星体都在远离地球而去，即所谓"宇宙在不断地膨胀"。人们根据星球频率改变量的大小，还推算出了星球远离地球时的运动速度。此外，人造地球卫星在天空中的运动速度，也是利用多普勒效应测出来的。

我们的耳朵

我们生活的环境充满了各种复杂的声音,大到山呼海啸、机器轰鸣,小到流水潺潺、轻声细语,正是由于这些声音的存在,人们才能更好地了解自然,改造社会,传播知识,交流思想。那么,人类是如何感受和理解声音的呢?

物体振动引起周围介质(包括气体、液体、固体等)的波动,这种波动只有作用于听觉器官才能产生听觉。人的听觉器官就是我们的耳。按结构和功能,它可以分为外耳、中耳、内耳3部分。

外耳由位于头颅两侧呈贝壳状的耳郭和向内呈"S"状弯曲的外耳道组成,它的主要作用是收集声音、辨别声源,并对某些频率的声音起扩大作用。

中耳是鼓室、鼓窦、乳突和咽鼓管4个部分的总称,其中与声音传导关系最为密切的是鼓室和咽鼓管。鼓室又称中耳腔,外起自鼓膜,内达鼓岬。整个鼓室的容积很小,成人的仅为2毫升,但其中有锤骨、砧骨和镫骨组成的听骨链,有起保护内耳作用的鼓膜张肌和镫骨肌,有悬挂和固定听骨的数条韧带等结构。

声波首先引起鼓膜的振动,带动听骨链的运动,再传到内耳外壁上的前庭窗。由于鼓膜的面积比前庭窗大出许多倍(55∶3.2),听骨链又有类似于杠杆的作用,所以声音从鼓膜到达内耳时,能量扩大了20多倍,从而补充了声音传播过程中的能量消耗。咽鼓管是沟通中耳和鼻咽部的管道,它的规律性开启,调节着中耳腔和外界大气之间的压力平衡,从而保证中耳功能的正常发挥。如果由于某种原因,例如上呼吸道感染,急、慢性鼻炎或鼻窦炎等,使这条通道阻塞或变得狭窄,听力就会受到影响。从上述内容可以看出,中耳的主要功能是变压增益,提高声音传导过程中的能量。如果仅仅是外耳或中耳有了病变,例如外耳道阻塞、鼓膜穿孔、中耳发炎、

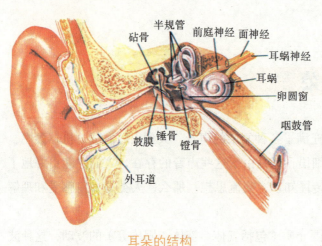

耳朵的结构

听骨链中断等引起的听力下降，一般不会太重，对于较大的语言声音仍能够感受。

内耳位于中耳的内侧，由耳蜗、前庭和半规管组成。在耳蜗内大约有 15 000 个排列规则的毛细胞，它们能把来自于中耳的声音转变为生物电，再传向大脑的听觉中枢，所以内耳的主要功能是感受声音。毛细胞属于神经细胞，极易受到缺血、缺氧、某些药物、毒物、细菌、病毒、噪声等有害因素的伤害，而且一旦损伤就不易恢复。由于毛细胞所处的位置不同，对不同音调（频率）的声音敏感性不同，有的对低音调的声音敏感，药物中毒、传染病、噪声性损伤、缺血、缺氧等造成的听力下降，主要是高频听力下降，而对低频声音大多有残余的听力。内耳的前庭和半规管主要负责人体的位置感觉和定向感觉，与机体的平衡有极大的关系，有些耳聋病人在发病初期往往会出现眩晕、恶心、呕吐、步态不稳，就是因为前庭功能受到影响造成的。

来自外界的声波经毛细胞转变为生物电后就沿着听神经，经过脑干向听觉中枢传导，为了保证传导的速度和准确性，沿途还设有许多加油站（神经核团），主要有耳蜗核、橄榄核、外侧丘系核与下丘、内侧膝状体核等。常用的听觉脑干诱发电位（ABR）测听法，主要就是检查听神经和这些核团功能的一种测听方法。

大脑听觉中枢的功能是分析、理解声音，并把这些声音的含义和指令传达给其他有关的中枢，例如运动中枢、记忆中枢、视觉中枢等，特别是与语言中枢关系极为密切，只有两者协同作用，才能共同完成听、说功能。

当听力有了障碍时，语言的发育也会受到影响，如果严重的听力障碍导致听觉中枢不感受声音时，学习语言就无从谈起。人们常说的"十聋九哑"就是这个道理。

以上是经典的气传导通路。在骨传导时，声波不经过外耳和中耳，而是经过颅骨直接刺激内耳，从而引起听觉。

不是耳朵听到，耳朵只是接收，大脑才能听到。发声体振动，产生声波，通过介质，声波传入耳道，使耳膜振动，通过神经使耳蜗内的液体振动，再通过神经传入大脑。大脑再经过辨认才能识别这是声音。当频率在20Hz以下或20 000Hz以上就听不到了，频率太高耳膜就不振动了。

我们的语音

全世界有两万多个民族，讲着2 800多种语言。被5 000万以上人口使用的语言有13种，其中说汉语的人口最多，其次是英语、印地语、西班牙语、阿拉伯语、葡萄牙语……讲英语的国家最多，其次是西班牙语，再次是阿拉伯语、法语、德语。不仅如此，每种语言里还有许多方言。

我们默不做声时，声带是松弛的。从肺里呼出的气流经过声门时，自由自在地从那个三角形的孔里通过，不会引起声带的振动。当我们讲话或唱歌时，声带便会绷紧，向中线内收，并且相互紧紧地接触，"声门关闭"了，从肺里呼出的空气只能从缝隙中挤出，于是引起声带的振动，发出了声波。人们在说话的时候，不管是讲哪种语言，都会有一个个的音节。

请你大声说："花真香！"分析一下，这是3个音节，第一个音节是huā，第二个音节是zhēn，第三个音节则是xiāng。

请你拉长声说"花"字，你会发现，"花"字变成 ɑ 音，如果不把嘴闭上，"花"字是出不来的。可见，花（huā）这个音节是由h、u、a三个更小的语音组成的，这种最小的语音单位叫音素。

科学 第一视野 | KEXUE DIYI SHIYE

■图与文

但是，所有语言都是用语音来表达的，这是它们的共同点。语音是通过人的发音器官发出的声音。人的发音器官包括呼吸器官、声带和口腔。肺、支气管和气管是发音的动力站，说话时从那里发出气流。声带是我们喉头中间的两片薄膜，它富有弹性，附着在喉头的软骨上。两片声带中间的通道叫做声门。

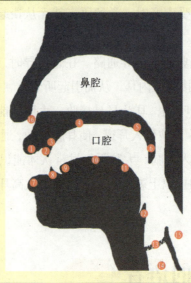

1. 上唇
2. 上齿
3. 上齿龈
4. 硬腭
5. 软腭
6. 小舌
7. 下唇
8. 下齿
9. 舌尖
10. 舌面
11. 舌根
12. 会厌（喉盖）
13. 声带
14. 气管
15. 食管
16. 鼻孔

几千种语言都是由音素组成的。音素包括元音和辅音两大类，例如 a 就是元音，h 就是辅音。元音是由声带振动发出来的乐音，每个元音的特点是由口腔形状决定的，辅音是发音时由口腔的不同部位以不同的方式阻碍气流所产生的一些音。无论哪种语音都是由不同形式的声波构成的。每一个音都有一定的音色、音高（声调）、音强（声强）和音长，这些就是语音的物理属性。

音色和发声体有关，这个道理语音中也在应用。声带振动发出的音和声带不振动时发出的音就有不同的音色。

音色和发音方法有关，同是弦乐器，用弓拉和用手指拨，音色不同。语音也是如此，送气或不送气，就形成了音色不同的两个音。例如不送气时是 b，送气时就成了 p。

共鸣器的形状会影响音色，这个原理在语音中也适用。口腔闭合一点或张大一点，发出的音也不同。发 a 音口腔必须大开，发 o 音口腔是半合的。

音高是由声波的频率决定的。音高在汉语语音里是很重要的，例如 mai 这个音节，读成 mǎi 是"买"，读成 mài 是"卖"，意义相反。在

语言学里这叫声调的变化，它主要取决于音高，有时也和音长有关。

音强（声强）是由声波的振幅决定的。音强在汉语里有区别词义和语法的作用。把重音放在不同的位置，往往有不同的词义。"虾子"和"瞎子"，前者读做 xiā zǐ，表示虾的卵，后者读做 xiā zi，"子"要轻读，表示盲人。"对头"这个词，把重音放在"头"字上，读为 duì tóu，表示正确、合适的意思，把重音放在前面，"头"字轻读，读成 duì tou，就变成了仇敌、对手、冤家对头的意思。

音长是声音的长短。不同的音长可以表达不同语气和情态。

从物理学角度来看，千变万化的语音不过是千变万化的声波。一切语言都可以用频率、声强和时间这3个物理量来描述。早在40年前，物理学家和语言学家就共同研究出了"语图仪"，用这种"语图仪"可以把声音信号画出图形。"语图仪"的出现标志了近代语言声学的新阶段。

近年来，语言声学又有了新发展，人们已经造出了能听懂某些词汇的机器（例如可以识别200个词），会说某些语言的机器。但是，要让机器听懂人的语言还需要克服许多困难。因为人们能听懂话，不光是靠物理上的语音信息，而且要靠大量的非物理量的信息。我们都会说汉语，为什么老师用汉语讲课，你有时听不懂？这就比较复杂了。科学家们正在研究"语言理解系统"，这要涉及人工智能的许多问题。不过，这些难题在不久的将来是一定能解决的。在学好"数理化"的同时，努力学好语文和外语吧，要解决这类难题，偏科和"重理轻文"的学生是不胜任的！

第二章
神奇的声音

声音的世界里有很多秘密,这些声音可能是你闻所未闻的。有些声音会令你满脸迷惑,有些声音会使你茅塞顿开,有些声音会让你听后脸色惨白,还有些声音会在你毫无察觉时而置你于死地。但是不要太恐惧,科学家帮我们揭开了这些神奇声音的秘密,只要我们能想出趋利避害的办法来,我们就再也不会害怕了!

最安静的地方

图与文

奥菲尔德实验室的"消声室"能够消除99.99%的声音,呆久了会令人产生幻觉。奥菲尔德实验室的"消声室"于2004年被确认为是世界上最安静的地方,它至今仍保持着这一纪录。

人们常说"沉默是金",但是美国有一间房子非常安静,几乎没有人能在里面呆上一会儿。迄今为止,有人在南明尼阿波利斯·奥菲尔德实验室的"消声室"里呆的最长时间只有45分钟。这里99.99%的声音都被吸收掉了,是吉尼斯世界纪录确定的地球上最安静的地方,在这里呆的时间太长可能就会使你产生幻觉。

这个消声室借助厚1.01米的玻璃纤维吸声尖劈、双层绝缘钢墙和30.48厘米厚的混凝土达到这种超级安静的效果。该公司的创始人兼总裁史蒂文·奥菲尔德说:"我们邀请人们坐在这个黑暗的消声室里,一名记者在里面呆了45分钟。当周围陷入一片沉寂时,耳朵会很快适应周围环境。房间越安静,你听到的就越多。你将会听到自己的心跳声,有时甚至能够听到肺部发出的声音,听到胃里发出的咕噜声。在消声室里你变成了一个声源。"他表示,这是一次令人困惑的经历,必须静静地坐着才能度过,这令人惶恐不安。

他说:"你如何让自己适应你行走发出的声音。在消声室里,你没有任何提示。在这里,一切能够帮助你平衡和进行自我调控的知觉线索都消

失不见了。如果你要在那里呆上半小时，你就必须静静地坐在椅子上。"美国的所有公司都在使用消声室，其中包括美国宇航局，它利用消声室考验宇航员，让他们漂浮在一个充满水的容器里，看一看"他们多久会产生幻觉，以及他们是否能在这种环境中继续工作"。正如奥菲尔德解释的那样，太空就像一个巨大的消声室，因此宇航员能够精神集中地呆在那里非常重要。

很多制造商也使用消声室，用来检测他们的产品的噪声情况。奥菲尔德说："消声室被用在正常产品检测中，用来研究不同东西发出的声音，例如心脏瓣膜、手机显示的声音、汽车仪表盘接通的声音。除此以外，有人还用它确定声音的质量。"奥菲尔德及其科研组将帮助洗衣机制造商美国惠而浦等公司进行研究，看一看声音听起来是什么样子的。例如，摩托车制造商哈雷戴维森利用该实验室减小车辆的噪声，不过仍让它们一听就是哈雷戴维森的产品。

奥菲尔德说："我们记录产品情况，人们根据语义词'昂贵'和'低质量'等聆听它们。我们对他们的感觉和联想进行研究。"他承认，他只能在消声室里呆30分钟，但是他在里面时，他的一个人工心脏瓣膜突然变得噪声很大。

极光的声音

据国外媒体报道，北极光是指常出现在地球高纬度地区高层大气中的发光现象，是太阳风与地球磁场相互作用的结果。北极光非常绚烂美丽，而伴随北极光发生的，是一种很神秘的声音。

理论上，极光发生的高度离地面约90千米以上，大气密度非常稀薄，难以形成人耳能听见的声音。而芬兰的阿尔托大学找出了这种声音的成因，该声音的位置是距离地表70米的高空。

科学 第一视野 | KEXUE DIYI SHIYE

■ 图与文

一直以来，关于这种神秘的北极光声音流传着许多传说，也让在荒野的人们感到恐惧和敬畏。而现在，北极光发出的这种含混不清的爆裂声的来源，终于首次在科学上得到了合理的解释。科学家们找到了这些声音的来源，原来爆裂声是形成极光的带电粒子发出的。

阿尔托大学的莱恩教授称，"过去科学家认为，极光实在太高，人类不可能听到由极光制造的声响。极光会出现，是因为太阳释放带电粒子飞向地球，碰到北极上空磁场形成扭曲磁场，带电粒子能量释放后形成。我们的研究发现，是形成极光的带电粒子制造了这些声响。"

近日，芬兰阿尔托大学的科学家们发现了北极光神秘声音的来源，这种声音产生于距地面70米的空中。与此相比，由地球磁场干扰而产生的绚烂而变幻莫测的北极光，则是产生于距离地面120千米的高空。

为了找到声音的来源，科学家们利用了3个互相独立的麦克风，在观测点记录下了北极光的声音。接着，科学家们对这些声音进行对比分析，从而最终确定了北极光声音的来源。当北极光在观测点出现的同时，芬兰气象研究所也同步测量到了伴随北极光产生的地磁干扰。

阿尔托大学的莱恩教授表示，"我们研究发现，在北极光出现期间，人们可以听见一种伴随极光自然产生的声音。过去，我们认为极光离我们太远，不可能会听到极光发出的声音，这种推断没有错，但事实是，极光是由太阳产生的能量粒子干扰地球磁场而产生的，它们在很远的天边，伴随极光的声音也是由类似原因而产生，只不过产生这种声音的地方离地面更近。"

有关北极光神秘声音产生的具体原因仍然是一个谜，这种声音并不是每次都会伴随极光而来。从被记录下来的声音来看，这种声音听起来像是

冰岛极光与火山交相呼应

一种含混不清的爆裂声,并往往只持续一小段时间。另外,一些听到过极光声音的人把这种声音描述为一种噼啪声,并且感觉声音的距离很远。通过这些不同的描述,科学家们推测北极光声音产生的背后可能有着若干不同的原理。

会"唱歌"的沙子

早在600多年前,意大利著名旅行家马可·波罗,在他撰写的《东方见闻录》一书中,就曾生动记述了他到中国旅行时,在塔克拉玛干沙漠中碰到"会唱歌的沙子"的情景,科学上把这种现象叫做"鸣沙"或"响沙"。

目前,世界上已发现有100多处地方有响沙,并且各具特色。日本京都附近的琴引滨,有广阔的大沙滩。当人们在沙滩上漫步时,沙子会像一架被人弹奏的钢琴一样,发出美妙动听的乐曲声。哈萨克斯坦的伊犁河畔,有一座300米高的沙山,堪称天然风琴。每当刮风或人下山时,它都会发出悦耳的歌声。美国夏威夷群岛中考爱岛的纳赫里海滨,连绵起伏着长800

27

图与文

1961年的一天,几位新华社记者来到了新疆塔克拉玛干沙漠。晚上他们在100多米高的沙丘顶上宿营时,突然听到一种高昂而清朗的声音,好像有人在拨弄琴弦。他们好生诧异:"在这荒无人烟的地方,怎么会有人弹琴呢?"于是,他们循着琴声走去,结果发现声音原来是从沙丘下滑的沙子里发出的。

米、高18米的巨大沙丘。这些沙丘是由珊瑚遗体、贝壳和熔岩沙粒组成的,在灿烂的阳光照耀下发出洁白的闪光。当人们踏上这些沙丘时,就会听到脚下的沙子发出汪汪的狗叫声,而且沙粒越干燥,声音越大。我国最有名的响沙,是内蒙伊克略盟达拉特旗的银肯响沙。这里的沙海在定向风的吹拂下,形成坡长100～120米,相对高度60多米的新月形沙堆。在晴朗干燥的日子里,当人们爬上沙堆顶端顺坡下滑时,沙子随着人体的运动便发出低沉的隆隆声,既像汽车马达响,又似飞机发动机的轰鸣。假如你用双手把沙子使劲一捧,沙子还会像青蛙一样哇哇地乱叫呢!

那么,响沙是怎样形成的呢?目前人们还不十分清楚。一种较为普遍的说法是:沙丘在特定的气候条件下,内部形成一种特殊的空腔。当上部沙层在外力作用下沿着比较坚硬的下部沙层的波形表面滑泻时,

银肯响沙

声音与音乐

由于相互摩擦而发出声波。这种声波和空腔内的空气发生共鸣，就会发出十分响亮而古怪的声音。

母亲的声音

对绝大多数人而言，母亲是一生中最重要的人，但你也许有所不知，母亲的面庞会对人的脑部活动产生独特的作用。研究人员实验发现，看到母亲面庞会刺激孩子的大脑细胞。

这个研究团队由来自加拿大、英国等国的科学家组成。他们招募20名志愿者接受实验，受试者平均年龄35岁。受试者分别观看自己父母的照片、社会名人的照片和陌生人的照片。研究人员利用磁共振成像技术记录下受试者看到不同照片时的脑部活动。

研究人员发现，受试者看到自己母亲的照片时，脑部关键部位细胞活动变得活跃，而这个部位与脑部认知和情感功能相联系。父亲的面容能使受试者大脑深处产生反应，但强烈程度与受试者看到母亲面庞时产生反应的强烈程度相比"稍逊一筹"。"名人脸"对受试者大脑刺激远不如父母面容刺激的强烈程度，但相比于"路人"的脸，社会名人的面容有一些刺激的作用。

英国《每日电讯报》援引研究小组成员、加拿大多伦多大学教授玛丽·阿

■图与文

研究人员相信，这一发现将阐释为何许多动物幼仔会对出生后见到的第一个生物产生强烈的依附性。这种依附作用使得刚出生的幼仔跟随母亲左右，很快学会它的特征和行为。这就是生物学中的"铭印"现象。

尔萨利杜的话报道，受试者脑部对母亲面庞强烈的反应可以归因于受试者在童年时期频繁见到母亲。

"事实上，即使孩子长大成人，多年远离父母，这种脑部反应依旧存在，说明它具有持久性。"阿尔萨利杜说。

英国牛津大学教授安·布坎南参与了这项研究。她说："人出生时的大脑就像一个被格式化的磁盘，里面没有储存任何信息。孩子与出生后第一个护理者之间的互动对他们的大脑发育和情感发展至关重要，而这个护理者通常是孩子的母亲。"

这一研究结果表明，由于母亲陪伴孩子成长，两代人之间形成的亲密关系会使孩子脑部产生一种复杂、持久的情感和认知反应。与此同时，美国威斯康星大学麦迪逊分校的研究人员实验发现，母亲的声音能够安抚孩子的紧张情绪。

母亲的拥抱

他们把若干名7岁至12岁的女孩分成3组，让她们在陌生人面前演讲和做数学题，从而使女孩们感到紧张。第一组孩子的母亲在现场安抚她们，第二组孩子的母亲和她们通电话，第三组孩子则被安排看一场电影。

研究人员观察发现，第一组孩子很快平静下来。但令他们惊讶的是，第二组孩子不到一个小时就和第一组孩子一样平静。

这一结果说明，母亲的声音和拥抱所起的作用类似。即便母亲不在现场，从电话中传来的声音依然能够使孩子紧张的情绪平复。

听音窃密

　　DTMF 编解码器在编码时将击键或数字信息转换成双音信号并发送，解码时在收到的 DTMF 信号中检测击键或数字信息的存在性。每一对这样的音频信号唯一表示一个数字或符号。如今的电话银行、语音菜单、分机呼叫系统中使用尤其明显，可见 DTMF 在手机上的使用给我们带来了更多的便利。DTMF 带来的不仅仅是便利，还有麻烦。居心不良的人便利用"无辜"的 DTMF 信号，窥探到了你的秘密。

　　遇到骗子打电话怎么办？不理会。另外，平常使用电话银行转账或查询时要注意，最好不用免提，保住了声音就是保住了个人信息。

　　听声音，就能听出你的银行卡密码？这不是什么绝技，只要能录下你按键盘的声音，再用软件分析，密码就无密可言了。

　　曾经发生的几个靠声音盗取密码的案件引起了人们的广泛关注，究竟是怎么回事呢？

　　案例一：假警察骗 29 万元。西安张女士家中接到电话，对方自称是中国电信客服，说张女士在杭州办了固定电话，有 3 680 元的国际长途费未交。张女士纳闷，没去过杭州，怎么可能办固定电话。"客服人员"建议她立即转接报警，张女士当即同意了。接电话的人自称是"杭州市公安局民警"，说他们和上海警方正在调查一件牵扯多地的洗黑钱案件，张女士在杭州所办的电话牵涉其中。

　　当办理了新账户，并被索要密码和网银口令时，张女士并未答应。假警察只得让张女士在手机键盘上输入网银口令和账户密码，并保存在手机中。张女士按要求操作完毕后，10 分钟后，短信通知 29 万元已被转账。

　　当地警方对此案展开调查，民警表示这是典型的电信诈骗。据了解，不法分子依靠音频分析软件，能记录电话、手机免提拨打时按键发出的声音特征,并进行比对,能够判断出音频文件中电话号码发声的按键顺序。

案例二:假供货商骗8万元。浙江金华某电器公司王女士在网上找到一家供货商,并通过电话联系达成初步协议,并约定对方送货后再付款。后来,王女士接到对方电话称货到,担心她不付款,所以让王女士先办理银行的电话转账业务。

于是,当天王女士办理了电话转账业务并告知对方,但对方却让王女士试验其办理的转账业务是否成功。于是,王女士在未挂断手机的情况下,通过固定电话操作电话转账,向指定的账户汇入1元钱。第二天,事主发现银行卡内8万元钱不翼而飞了。

接报后,民警根据事主银行卡内资金流动情况及提现地,锁定犯罪嫌疑人并将其抓获,该犯罪嫌疑人在供述中交代,其利用手机录音功能,录下事主在办理电话转账业务时的按键声音,然后根据音频分析软件,破解了事主银行账户的密码,进而盗转钱款。

■图与文

我们曾在老谍战片中看到这样的场景:当某人用拨盘电话拨出号码时,躲在一旁的人靠听觉就判断出了电话号码——拨盘电话每个数字的归位时间不同。

可是现在都是按键拨号,而且电话与手机按键上的声音只有3个声调,按来按去怎么就能听出电话号码呢?

先从DTMF说起吧。DTMF(Dual Tone Multi Frequency)意为双音多频,是电话系统中电话机与交换机之间的一种用户信令,通常用于发送被叫号码。

想象一张坐标图,X轴和Y轴决定了每个点的位置。DTMF就是这样一个"坐标系"。一个DTMF信号由两个频率的音频信号叠加构成。这两

个音频信号的频率来自两组预分配的频率组：行频组或列频组。

DTMF 编解码器在编码时将击键或数字信息转换成双音信号并发送，解码时在收到的 DTMF 信号中检测击键或数字信息的存在性。每一对这样的音频信号唯一表示一个数字或符号。交换机就是这样知道电话机拨了什么号码的。

除了拨号，我们会不断地使用到话机上的键盘。比如我们在查询话费时，服务台会提示"普通话请按 1，英语请按 2……"如果我们按下手机键盘 1，服务台将用普通话为我们服务，按 2 听筒里就变成了英语。

手机是怎么告诉了服务台我们按的是"1"还是"2"呢？没错，也是 DTMF 信号。按一连串的充值卡密码为手机充值，同样是这个道理。

每一对音频信号唯一表示一个数字或符号。电话机中通常有 16 个按键，其中有 10 个数字键 0～9 和 6 个功能键 *、#、A、B、C、D。由于按照组合原理，一般应有 8 种不同的单音频信号，因此可采用的频率也有 8 种，故称之为多频，又因它采用从 8 种频率中任意抽出 2 种进行组合来进行编码，所以又称之为"8 中取 2"的编码技术。

国际上采用的多频为 687Hz、770Hz、852Hz、941Hz、1209Hz、1336Hz、1477Hz 等 8 种。用这 8 种频率可形成 16 种不同的组合，从而代表 16 种不同的数字或功能键。如今的电话银行、语音菜单、分机呼叫系统中使用尤其明显，可见 DTMF 在手机上的使用给我们带来了更多的便利。

DTMF 带来的不仅仅是便利，还有麻烦。居心不良的人就是利用"无辜"的 DTMF 信号，窥探到了我们的秘密。

声音的本质是波。犯罪分子一般先让被害人在免提的条件下，反复转账并录制成 WAVE 文件，然后再用分析软件对录音文件中的双音频拨号音进行扫描，扫描出信号后，呈现出音频文件中的按键顺序。也就是说，别有用心的人一旦有了录音，就相当于看到了密码。

像以往的高科技诈骗一样，犯罪分子并不是什么高明的发明家，他们大都是从网上买来这些所谓的"新技术"。

如果你在搜索引擎里键入"电话拨号录音解码软件"或者"DTMF 录

音软件",就能搜索到大量的出售信息,包括国内最大的电子交易网站,售价一般在 2 000 ~ 4 000 元。

这些卖家都强调自己是新版,还摆出"离散傅立叶变换"等名词装点门面,更为讽刺的是,这些广告无一例外地都有这样一段"声明":该软件仅供学习娱乐和技术研究使用,如果您用于非法途径,例如:非法查看获取他人的隐私、获取他人的个人信息或资料等,由此带来的一切后果自负,与软件作者无关,作者不承担任何法律责任。有了这样的声明,这些售卖者就真的没有责任了吗?

日本动画片《名侦探柯南》剧场版——《战栗的乐谱》中有这样一段情节:

柯南和女高音歌唱家怜子被困在一条船上。柯南用球踢下悬崖上的一部电话的话筒,然后告诉怜子靠发出不同频率的声音就能拨打电话。于是,他们两个在船上一起唱歌,用声音发出相应的脉冲,最后拨出了报警电话。

虽然在现实生活中,靠唱歌达不到这样的效果,但是使用一款名叫 Cool Edit 的软件,很多网友却实现了不用按键拨电话的神奇效果。

来电显示的原理。来电显示是主叫号码信息识别及传送的通俗说法,它是由具有主叫号码信息识别功能的交换机将主叫用户的号码及呼叫的日期、时间等信息传送给具有主叫号码显示功能的终端。来电显示的信息传输方式有两种:FSK 和 DTMF。

目前,采用 FSK 方式的国家和地区有:美国、中国、日本、英国、加拿大、比利时、西班牙、新加坡等;采用 DTMF 主要则是以瑞典为代表的一些欧洲国家等。FSK 是二进制信号的频移键控的英文缩写,它是指传号(指发送"1")时发送某一频率正弦波,而空号(指发送"0")时发送另一频率正弦波。

水下"千里眼"

你看过电影《冰海沉船》吗？电影再现了1912年英国大商船在赴美途中与冰山相撞的悲剧。巨大的冰山，大部分淹没在海面以下，值班水手看到海面上的冰山时，已经无法躲避了。茫茫大海，哪里有暗礁，哪里有冰山，这是航海家最关心的。能不能找个水下"千里眼"呢？人们想到了回声测距。声波在水中传播时，遇到障碍物也会发生反射。

冰海沉船后不久，人们设计了第一个水下目标回声探测仪，让声音给人们当"千里眼"。它的原理和陆地上的回声测距是一样的：从船上发出声波，用水听器接收回波，根据时间差及水中声速求出反射面的距离。

真正的水下"千里眼"是在第二次世界大战期间制成和使用的，它的名字叫"声呐"（过去曾译为"声纳"，是外来语）。

声呐是出色的水下"千里眼"，它利用超声波和声波在水中的特性，帮助人们看清了水中的许多秘密。由简单"水听器"演变而来的被动声呐，可以默默无闻地在水下偷"看"潜艇、鱼群，根据目标发出的噪声，可以判断目标的位置和某些特性。实际用得更多的是主动声呐，是由简单的回声探测仪演变而来的，它能主动地发射超声波，仔细地收测各种回波，运用计算机计算发射与回收

■ **图与文**

声呐在水中显示了出色的本领。光波和无线电波在水下会遇到许多麻烦，水有吸收电磁波的特性，光波在海里走上100米就会衰减掉99%。唯有声波在大海里跑得最远，衰减得最慢。要看那龙宫之谜，雷达只能望洋兴叹，声呐才是真正的水下"千里眼"。

讯号的时间差，从而确定目标的位置、形状，甚至可以判断潜艇的性能。

现代侧扫声呐能使我们看清海底地貌，清晰地把海底表面的情况在纸上画出来，连20厘米的高度差都能辨别，赛过了火眼金睛。

声呐这个"千里眼"，不但能让我们看到水中的秘密，还能帮助我们看到工件内部有没有损伤。工程师利用超声探伤仪向工件发射超声波，超声波遇到裂纹或缺陷就会发生反射，利用精密的仪器收测回波，就能判断出藏在工件内部的缺陷。这就是现代工业上的超声探伤技术，它广泛地应用于焊缝、铸锻件、各种型材和各种机器零件的检测工作上，帮助人们发现了许多隐患。

能不能让超声波帮助医生看到人体内部的隐患呢？1942年，一位医师首先报道了他利用超声检测仪诊断颅脑的情况，后来有许多人从事此项研究。

人们发现，人体各部分都是声波的介质，在各种组织中声速各不相同。在脂肪中，平均声速为1 450米/秒，在肝中为1 549米/秒，在头盖骨里为4 084米/秒。超声波经过人体各种组织的传播，能量衰减的情况也大不相同。超声波在传播中，遇到各种变化了的部位就会发生反射。这些都为医生们提供了人体内部的信息。在医学家和物理学家的共同努力下，一门新兴的学科——超声医学已经诞生了。

1980年，中国科学院声学研究所制成了一种超声图像诊断仪，医生们利用这台仪器从荧光屏上长时间地观察了人体器官的活动情况，并且进行了照相和录像。超声医学不但研究利用超声诊断疾病，还在研究利用超声治疗疾病，它是一门大有作为的学科。

带奥尼歇斯的耳朵

在意大利西西里岛上，有一个著名的采石窟，窟内呈圆拱状，像一只

声音与音乐

斜放的鸡蛋壳。出入口开在离窟底 40 米的高处,通过一段不长的通道,人们可以进入窟内。

有意思的是,当人们站在通道上某个位置的时候,可以清晰地听到来自窟底微弱的声音,甚至像撕裂一片布帛,听起来也十分响亮。据说古代叙拉古的暴君带奥尼歇斯,就曾把反对他的政治犯囚禁在这个石窟里,并派人潜伏在通道的某个地方,窃听犯人们私下的谈话,因此后人就把这个石窟叫做"带奥尼歇斯的耳朵"。

那么,"带奥尼歇斯的耳朵"的奥秘在哪里呢?我们说过,声音在传播的过程中,如果碰到障碍物它就会发生反射。在石窟里,因为周围都是坚硬的石壁,因此物体发出的声音会从四面八方反射回来。由于石窟表面的特殊形状,这些来自四面八方的声音都集中在了某一个小区域内,这样在这个位置或区域内的声音就会变得特别响亮,我们把这种现象称作声音的聚焦。

为了进一步了解声音的聚焦,我们不妨做这样一个实验:打开一把雨伞,把表悬挂在伞内靠近伞顶的柄上,然后将伞架在肩上。这时表虽然离开耳朵较远。但表的走动声仍清晰可闻。我们听到的表声,就是通过伞面聚焦后传进耳朵的。

人类很早就观察到了声音的聚焦现象,并巧妙地把它应用在实际中。据说古时候一队人马兵败后,被敌军逼进了一座高山

■ 图与文

其实,声音聚焦的现象在生活中随处可见。我们在拱形隧道或石桥的桥洞下讲话时,会感觉声音格外洪亮,就是声音聚焦的结果。不少动物在野外或夜晚,常常把耳朵竖起来,并不停地转动,就是利用它们耳郭对声音的聚焦作用,来捕捉周围微弱的声音信息。人在听不清远处传来的声音时,常会有意无意地把双手罩在耳后,也是为了增强耳郭对声音的聚焦效果。

37

的隘口之中,眼看就要全军覆没,情势非常紧急。就在这时,他们发现部队所在山口的背后是一个喇叭筒状的山谷。于是,他们经过密谋决定趁夜晚天黑时,一面在山谷中燃火鸣炮,一面齐声呐喊向外突围。结果,由于山谷对声音的聚焦造成的"虚张声势"无异于千军万马,敌军以为对方的大队援军到来,因此匆匆撤军后退。就这样,这支部队绝处逢生,安然脱离了虎口。

神秘的怪声

据国外媒体报道,1977 年外星人确实在努力给我们发送信息吗?是神出鬼没的可怕海怪发出的被称作"Bloop"的海洋怪声吗?一个谜一样的俄罗斯无线电信号是正在发给间谍的加密信息吗?

第一种:太平洋里传播 5 000 千米的"Bloop"

图与文

世界上充满各种各样的奇怪声音,不过其中一些显得尤为突出,尤其当这些声音非常大或者通过现代科技无法解释时,人们更对它们充满了好奇。以下的 8 种声音和信号一直是阴谋论者和科学界不断推测和争论的话题,但是我们有可能永远也无法得知它们的来源或含义。

1997 年,在太平洋里回荡着一种非常奇怪的声音,但至今无人知晓它到底是什么声音。这种巨大的声音被科学家们称作"Bloop",频率很快,持续时间超过 1 分钟,声音之大,在 5 000 千米外的多种传感器都能接收到。这些水下收听装置是在冷战期间美国安放在一个名

叫"深海声道"的地方,最初的目的是用来查找和追踪前苏联潜艇,现在美国国家海洋和大气管理局(NOAA)用它监听自然现象。

该局表示,它决不是人造声音,这种声音虽然跟现有海洋生物发出的声音有几分类似,但是已知动物中并没有大到足以发出这么高的音量的动物,即使最大的蓝鲸也无法制造这么大的声音。事实上,即使恐龙时代,也没有动物能发出"Bloop"的怪声。难道它是"恶魔的呼唤"?科学家对这种声音进行追踪,最终查找到太平洋一个偏远的角落,这里距离洛夫克拉夫特笔下的著名海怪的巢穴不到804.67千米。

第二种:说不清的嗡嗡声

夏威夷、美国新墨西哥州和英格兰等世界很多地方的人会时不时地问周围的人:"这种嗡嗡声是从哪里发出来的?"这种奇怪的声音被形容成是一种恼人的持续性低频声音,跟远方的柴油机发出的声音很像,很多人经常感觉是体内的振动。据听到过这种声音的人说,麦克风似乎无法捕捉到这种噪声。在夜晚和周末,它是最大的室内噪声。

火山活动

人们认为夏威夷的大岛上发出的这种声音是火山活动造成的,但是在英格兰肯特郡或者新墨西哥州陶斯就不能说是这种情况造成的。在华盛顿瓦逊岛上生活的居民,一直备受这种声音的困扰,他们在报告中表示,这些声音正在慢慢变大。它是电磁现象、超自然现象,还是耳鸣或者集体错觉？事实上，我们对它一无所知。

第三种：奇怪的隆隆声

从孟加拉国到荷兰等一系列海滨地区听到的奇怪的隆隆声，被统称为"Mistpouffers"，人们经常把它们形容成是加农炮发出的声音，或者是声音很大的雷声（尽管天空并没有乌云）。宁静的夏季在加拿大芬迪湾经常能听到这种声音。除此以外，有报道称在意大利、爱尔兰、印度、日本、菲律宾、爱尔兰和美国几个州也听到过相同的声音。这些隆隆声并不是现代发明的产物，在白人移居当地以前，易洛魁族人解释这种现象是大魔神继续塑造地球产生的声音。

1978年，居住在加拿大纽芬兰近海的贝尔岛上的居民听到一种奇怪的隆隆声，这种声音的强度很大，足以摧毁住宅。虽然一些人一直认为它是由超自然现象造成的，但是最近《历史频道》开始怀疑这种奇怪的声音是不是由秘密电磁脉冲试验引起的。不过，现在人们仍不清楚是什么造成的这种隆隆声。

2010年，迷惑的宾夕法尼亚居民告诉当地报纸，他们听到一种神秘的"隆隆声"。吉姆·欧文说："我听到隆隆声，我紧闭的木质前门不断发出吱吱呀呀的声音，但是直到住在距离我只有几个街区的一位朋友在Facebook上发消息，问是否有人听到奇怪的隆隆声时，我才开始思考这个问题。"2001年出现的类似声音，稍后被证实是由一颗陨星撞击地球大气层产生的。这些声音可能都是由陨星撞击引起的，不过其他自然原因可能也会产生奇怪的隆隆声，例如气体从地球表面的排气孔溢出或者海下洞穴坍塌等。

第四种：频率递减的声音

1997年5月19日，即发现神秘的海洋怪声"Bloop"的同一年，人们还发现另一种奇怪的声音，这种声音持续时间长达7分钟，频率递减，直到最终消失。这种声音被称作频率递减声音，它的声响很大，3个相隔近2 000千米的传感器都能接收到它。然而从那以后再没有人听到过这种声音，它的起源至今仍是个谜。频率递减的声音是美国国家海洋和大气管理局的

声音与音乐

奇怪不明来源声音名单里的一分子,它是由该局的水下装置发现的。

第五种:潜艇里听到的嘎嘎声

冷战期间,前苏联海军的弹道导弹潜艇在北大西洋和北冰洋巡逻时,经常能听到一种最奇怪的声音,他们形容这种声音就像"嘎嘎声",而且不管什么时候他们穿越这些海洋的特定区域,都会听到这种声音,它们听起来就像是从移动的水下物体发出的,然而声呐系统上什么也看不见。

当时的苏联人认为他们听到的是美国的某种秘密科技产品发出的声音,并认为这是一种可怕的威胁。现在科学家认为这些声音可能是由巨型章鱼等海洋生物发出的,由于它们没有坚硬的内骨骼,因此在声呐装置上可能显现不出来。

第六种:土星环发出的怪异声音

这种声音是一种可怕的超自然现象,是一种在科幻电影中有可能会听到的奇怪噪声,但事实上它是在另一颗行星上听到的真实声音。2002年"卡西尼"号飞船首次发现从土星大气发出的这种极光无线电辐射,它跟地球上的非常类似,声音有规律地升高和降低。美国宇航局的记录被压缩和汇编成这

土星环

种单一图谱,这种声音来源有很多可能性,它可能是外星人的语言,也有可能是起飞的飞船发出的声音,也许什么都不是,它的真正起源我们无从得知。

第七种:UVB-76短波无线电台

自1982年以来,俄罗斯的一个神秘短波无线电台一天24小时,每分钟25次向外发出一种不断重复、偶尔被加密信息打断的奇怪嗡嗡声,它的

真实意图至今无人知晓。也许俄罗斯利用它给间谍发送加密信息，或者它是秘密军用设施发出的信号，或许它跟高频"多普勒"气象雷达有关。

这种由信号传播的声音信息，只在1997年、2002年和2006年出现3次。其中一段是一名俄罗斯男人说："UVB-76、18008、三溴乙醇、鲍里斯、罗马、奥尔加、米哈伊尔、安娜、拉里萨、742、799、14。"2010年6月6日，一位评论人士写道："自1982年以来一直向外发送单一声音的俄罗斯短波无线电台UVB-76，突然停止发送信号。当然没人知道这是什么意思，不过你最好做好充分准备，以防万一。"

高频"多普勒"气象雷达

第八种："哇！"信号

1977年发现的一种信号，难道是外星人在用一种星际语言与我们联系吗？俄亥俄州立大学的大耳朵电波望远镜发现的这种很强的窄频无线电信号，持续时间长达72秒，这与人们认为的星际信号相符，杰里·艾曼博士在打印出来的资料上圈出异常之处，并在一旁写上了"哇（Wow）！"。

毫无疑问，这些信号来自我们的太阳系以外，事实上更确切地说：这些信号来自人马座以外的某个地方。大耳朵望远镜上的两个探测器，只有其中一个发现这种信号，尽管后来人们一直在对其进行密切的观测，但从此再没发现该信号。不过，怀疑论者提出的所有"合理的"解释，都被

声音与音乐

证实是错误的,这种声音并不是卫星传播信号或者太空碎片撞击的声音。"哇!"信号是迄今为止被证实的从外太空接收到的唯一一个声音,它可能是我们不知道的外星生命有意发出的信号吗?

离奇的古塔

其实,不仅仅是人哭、蛤蟆叫,还有人听到过很清晰的唱戏声音。这座神秘的古塔为何频频发出怪声呢?这些怪声之间,又有着怎样的联系呢?这其中究竟有什么不为人知的奥秘呢?

怪声一:塔中传来的哭泣声

1986年9月,普救寺的修复工作正在进行。突然,一名工人听见了一阵阵奇怪的声音。这声音断断续续,从寺内的古塔中传出。仔细听来,似乎是人的哭泣声。普救寺修复期间,外人严禁进入。有谁会闯入这座古塔呢?又为何如此悲伤不绝地哭泣呢?

俗话说,地下文物看陕西,地上文物看山西。到了山西之后,可以看的地上文物太多了,但普救寺是一定要去的,因为它能够勾连起人们对于历史上一对才子佳人的深切感念,那就是著名的《西厢记》里写到的张生和崔莺

图与文

山西省永济市普救寺,曾是武则天时期的香火盛地,更因一出《西厢记》家喻户晓。在那里,有一座莺莺塔。有人说站在塔底下,能听见蛤蟆的叫声,也有人说能听见有人哭泣的声音。

普救寺

莺。据说当时崔莺莺看着张生进京赶考，就是站在这座塔上哭的，哭得很凄惨。凄惨到什么程度呢？以致于后人说，1 000多年之后，我们在塔底下，依然能听见崔莺莺那撕心裂肺的哭声。

仝毅是原普救寺旅游文物管理所的所长，与普救寺相伴了30多年，一直致力于研究普救寺的历史和文化。对于当地群众认为的哭声来自《西厢记》的女主人公崔莺莺，他认为那只是人们善意的附会罢了。

怪声二：塔中响起了唱戏声

在与仝毅的交谈中，笔者发现，他对古塔中的哭声不但没有半分惊疑可言，而且不以为然。后来得知，他曾亲历的一幕，远比我们已知的更加扑朔迷离。仝毅说："1987年，我们在修复的过程中，晚上没事，大家就坐在塔底下聊天，突然听见塔里面怎么唱起戏来了，而且非常清晰，演员的唱腔、道白都很清楚，大家都说很奇怪啊！"

身边的佛塔，居然传来阵阵唱戏声。工人们都很纳闷，想找出究竟是谁在塔里唱戏。可这神秘人却似乎和大家玩起了捉迷藏的游戏。走进塔中，塔中空无一人，走出塔来，唱戏声却又从塔里传了出来。一阵阵的敲锣打鼓声，几乎在寺里每个角落都能听见。可找遍了佛塔的里里外外，始终没有发现任何人。

怪声三：塔中曾经蛙声一片

为了探寻古塔中的这种神秘声音，仝毅查找了关于莺莺塔发声的最早

历史记载。终于,在清朝的《蒲州府志》和《永济县志》中,仝毅发现了两段相同的记载:"有声若吠蛤,盖空谷应音类矣。"意思是说这里的声音就像是金蟾的叫声在山谷之中回荡。传说中,金蟾并不是普通的蟾蜍,它只有3只脚,能吐钱,被人们当作旺财的瑞兽。但这只是人们美好的期望,并非现实。可是这蛙声又是从哪里来的呢?普救寺离黄河大约有6 000米远,气候湿润,十分适合蛙类的生存,可蛙类只有在春夏繁殖的季节才会成群地鸣叫。难道100年前,普救寺里有一只不知疲倦的巨蛙吗?

金 蟾

怪声四:塔中回荡着校园歌曲

西厢小学是附近唯一的一所学校,为了方便村里的小学生上学,3年前才刚从山上搬下来。这时正是中午,学校的喇叭里播放着歌曲,学生们都在食堂排队等着吃午饭。大家发现站在学校操场,可以很清楚地看见远处的莺莺塔,通过目测,仝毅判断这里距莺莺塔直线距离大概有2 000米远。这样看来,相对于莺莺塔来说,西厢小学的位置和当时戏台的位置很相似。

如果真像仝毅说的,戏台的唱戏声可以在塔下听见,那么现在喇叭播放的歌声,莺莺塔下应当也可以听见。10分钟后,大家到达了普救寺,其实在路上大家就已经发现,当离学校500米左右的时候,喇叭里的歌声就已经听不见了。难道在2 500米外的莺莺塔下还能听见吗?令大家震惊的是,在走向莺莺塔的途中,学校扬声器里的歌曲声竟渐渐清晰起来,而当大家到达莺莺塔下时,听见的歌词句句清楚。这让大家惊喜不已,同时更觉得不可思议。这一次的发现,足以证实,仝毅所说的,塔中传来唱戏声,确实是真实的。

专家如何解释这些离奇怪声呢？

塔下击石声的波形图与蛙声的波形图基本一致。徐俊华（中国科学院声学研究所研究员）解释说："经过一系列测试后，用仪器绘制出了塔下击石声的时间波形图——击石声在空气中传播时碰到障碍物，就会有反射，波形图中共有13个小的回波，整齐有规律，但与建筑物共振引起的波形图并不一样，而应该是由某种物体特有的反射规律造成的。不过，塔下击石声的时间波形图，与现实生活中青蛙叫声的时间波形图基本一致，所以莺莺塔下的拍手、击石声，才会被认为是自然界青蛙的叫声。"蛙鸣声是敲石头的声音通过13层塔檐反射后的结果。

莺莺塔发出的唱戏声、蛙鸣声，都来源不明，史书上也找不到任何线索。专家们现场调查，发现蛙声是敲击石块的声音形成的，是敲石头的声音通过13层塔檐反射后的结果。莺莺塔本是一座唐代的古塔，但在明朝的时候，由于地震崩塌了，人们又重新修了一座，并保留了它原本的唐塔风貌，只是由原先的7层加盖到了13层。

经过在莺莺塔周围反复的测量试验，终于在正对着塔且直线距离20多米的地方，我们听到了清楚的蛙鸣声。一系列精确的考察测量后，专家发现：在10米左右的地方，我们敲石头，听不到蛙声，只听到敲石头的声音，或者拍手的声音。而在20米以外的地方，能听到"呱…呱…"的声音，这听到的声音，是从塔的上空传过去的。地面也能听到，空中也能听到，站在房顶上也能听到。怪声是不同频率声音反射形成的。

古塔是怎样把叩石、击掌的声音变成了青蛙叫声的呢？为什么其他的13层塔，没有发现向外延伸的宽度不完全一样。这样的结构正好形成内凹形的曲面。也正是塔檐形成的曲面，使得声音发生了改变。鸟的叫声也好，我们敲石头、拍手的声音也好，并不是单纯的一个频率，而是分为高频、中频和低频。这3种频率接触到塔檐，发生不同的反射现象，有的被减弱，有的被增强，因此传到我们耳朵中时就会发生声音的变异，所以我们在塔下听到的是蛙声，与自然界的蛙鸣声很相似。

美妙的声学现象与特殊的建筑结构有关。因为塔檐的多层汇聚反射，让敲击石头的声音变成了蛤蟆的叫声。可是，那个唱戏的声音、学校的声音，难道也是塔檐会聚反射之后形成的吗？学校离塔有2.5千米之远，尽管普救寺坐落在半山腰上，周围空旷开阔，没有任何阻挡物，但2.5千米的距离，早就超越了声音传播的极限。难道莺莺塔真的具有神奇的收音放大的功能吗？

其实，声音的反射并不复杂，它就像我们平时看见的水滴，遇到障碍物会向四周溅开一样。如果障碍物表面相对光滑，水滴会溅得比较远，但如果障碍物表面很粗糙，水滴溅出的范围就小得多。对于莺莺塔来说，塔身和塔檐全都是用青砖叠砌而成，青砖本来就是很好的反射体，莺莺塔的青砖更是被黄土高原的风沙长年累月地吹拂，表面格外光滑，就像涂了薄薄的一层釉料，所以几乎所有的声波都被反射到了塔下。

莺莺塔现在之所以能够发出这种声音，是跟它独特的建筑结构有着非常大的关系。正是因为这中13层的塔结构，能够产生这种多层会聚反射的效果，所以才让我们能够听到如此美妙的离奇声音。

隆隆的雷声

闪电通路中的空气突然剧烈增热，使它的温度高达15 000 ℃～20 000 ℃，因而造成空气急剧膨胀，通道附近的气压可增至100个大气压以上。紧接着，又发生迅速冷却，空气很快收缩，压力减低。这一骤胀骤缩都发生在千分之几秒的短暂时间内，所以在闪电爆发的一刹那，会产生冲击波。冲击波以5 000米/秒的速度向四面八方传播，在传播过程中它的能量很快衰减，而波长则逐渐增长。在闪电发生后0.1～0.3秒，冲击波就演变成声波，这就是我们听见的雷声。

还有一种说法，认为雷鸣是在高压电火花的作用下，由于空气和水

■读写文

伴随闪电而来的，是隆隆的雷声。听起来，雷声可以分为两种。一种是清脆响亮，像爆炸声一样的雷声，一般叫做"炸雷"；另一种是沉闷的轰隆声，有人叫它做"闷雷"。还有一种低沉而经久不歇的隆隆声，有点儿像推磨时发出的声响。人们常把它叫做"拉磨雷"，实际上是闷雷的一种形式。

汽分子分解而形成的爆炸，如瓦斯发生爆炸时产生的声音。雷鸣的声音在最初的十分之几秒内，跟爆炸声波相同。这种爆炸波扩散的速度约为5 000米/秒，在之后0.1～0.3秒钟，它就演变为普通的声波。

人们常说的炸雷，一般是距观测者很近的云对地闪电所发出的声音。在这种情况下，观测者在见到闪电之后，几乎立即就听到雷声；有时甚至在闪电同时即听见雷声。因为闪电就在观测者附近，它所产生的爆炸波还来不及演变成普通的声波，所以听起来犹如爆炸声一般。

如果云中闪电时，雷声在云里面多次反射，在爆炸波分解时，又产生许多频率不同的声波，它们互相干扰，使人们听起来感到声音沉闷，这就是我们听到的闷雷。一般说来，闷雷的响度比炸雷来得小，也没有炸雷那么吓人。

拉磨雷是长时间的闷雷。雷声拖长的原因主要是声波在云内的多次反射，以及远近高低不同的多次闪电所产生的效果。此外，声波遇到山峰、建筑物或地面时，也产生反射。有的声波要经过多次反射。这多次反射有可能在很短的时间间隔内先后传入我们的耳朵。这时，我们听起来，就觉得雷声沉闷而悠长，有如拉磨之感。

断桥之谜

1906年,一支沙俄军队在本国首都附近的丰坦卡河大桥上齐步走的时候,大桥突然断裂,造成了一些伤亡。事后调查,并没发现什么人为破坏的痕迹。1940年11月7日,美国新建的一座跨度为850米的悬索桥,突然在一场大风中断毁——那天的风速是19米/秒。在大风中,那桥面扭曲跳动,越跳越厉害,最后断毁。看来,桥的断裂是和振动有关系了。

用皮筋挂住小锁,用手提起皮筋的另一端,上下抖动皮筋,使小锁头受迫振动。不断改变手上用力的频率,你会发现,只有当策动力的频率和皮筋锁的固有频率相一致时,锁上下振动得最厉害,也就是它的振幅最大。如果策动力的频率和它的固有频率不一致,尽管你费尽力气,它振动得也不会太大。

在策动力频率和受迫振动体的固有频率相同时,受迫振动的振幅达到最大值,这种现象叫做共振。各种桥梁和建筑物都有各自的固有频率。梁的固有频率与梁的长短、宽窄、厚薄及材料的性质都有关系,楼板固有频率也是由这些因素来决定。

军队迈着整齐的步伐过桥,就是按一定频率给了桥梁一个策动力。当这个策动力频率恰恰和桥梁的固有频率合拍时,就会发生共振,以致造成桥断人亡。明白这个道理,在队伍过桥的时候,就不应该齐步走了,而应该便步走,这样就能保证队伍安全过桥了。

但是,给予建筑物策动力的因素是很多的。风力也是一种外力,美国那座大桥就是由于风力引起共振而毁掉的。地震更是不能忽视的,这就向建筑师们提出了一个问题:怎样防震?

地震的危害主要是使建筑物倒塌。当地震波传播到建筑物脚下的时候,就给了建筑物一个很强的策动力,如果建筑物的固有频率和地震波的频率

图与文

我国古代工匠李春创建的赵州桥，建于隋代大业年间（605～618年），1 300多年来，发生过多次地震。1966年3月邢台地震时，赵州桥距离震中40千米左右，大桥却安然无恙。

合拍，就会造成极大的破坏。怎样设计各种建筑，使它的固有频率不与地震波、风力等因素形成共振，是建筑师们必须考虑的问题。在这方面，我国古代建筑师做出了卓越的贡献。

我国山西省应县佛宫寺有座木塔，建于公元1056年，从地面到塔尖达67.31米，是我国古建筑中的珍品。应县木塔经多次强烈地震、大风和炮击，至今仍保存完好。单在1305—1976年间就遇到过12次五级以上的地震，其中1626年灵丘的七级地震，在应县的烈度达到七度。按照地震烈度表，烈度为七度的时候应当是"人站立不住，大部分房屋遭到破坏，高大的烟囱可能断裂，有时还有冒水、喷沙现象"。但是，高耸的应县木塔却安然无恙！1501年（明弘治十四年），应县"黑风大作"，风力在8～10级，应县木塔依然挺立。这座塔已经引起科学家们的兴趣，人们将从中得到有益的启示。

建筑师们总结了各种建筑抗震抗风的经验，

应县木塔

声音与音乐

制定了现代建筑抗震的许多措施。唐山市的一座3层办公楼在设计施工中严格执行了抗震标准。1976年唐山大地震时,这幢楼位于烈度十一度的区域,居然没有倒塌。

杀人的声音

20世纪50年代末,冷战正酣。出生于俄罗斯的机器人发明家加夫雷奥,一天接到了法国国防部的密令:火速研发能打核战争的机器人。

1957年,一群顶尖的自动化科学家,在加夫雷奥的带领下,聚集到马赛市一幢巨大的混凝土大楼里。在这个极其隐秘的建筑里,加夫雷奥和他的同伴们很快就研发出一系列具备工业和军事用途的机器人。加夫雷奥没料到的是,就是在这幢大楼内,一场怪病逼得他中断了对机器人的研究,最后还改变了他的研究重心。

那场病来得很蹊跷。一天,加夫雷奥和同事们在大楼内画图纸、拼零件,忙得不可开交。就在此时,一桩怪事发生了——所有研究人员几乎同时感到恶心,并不断有人呕吐。这一症状一直持续了好几个星期。

百思不得其解的加夫雷奥,请来法国最好的医生和环保专家。没想到,这些专家刚进驻现场,还没来得及为病人们做检查,自己就患上了同样的怪病。医学专家怀疑这幢大楼里有病菌,于是调来当时法国最先进的检测设备,结果一无所获。

"到底是哪里出了问题呢?"法国国防部长要求尽快查清"病根"。但是,没有人能回答这一问题。

加夫雷奥只得暂停手头的工作,转而对大楼做彻底的调查。科学家们很快发现,只要关上大楼的某几扇窗户,怪病就会自动消失。加夫雷奥和同事们怀疑:"会不会是某种有毒化学气体通过窗户飘进了大楼呢?"但检测结果显示,大楼内的空气很干净。

51

于是，他们将目光盯在了大楼内安放的每一台机器上，并最终锁定了一台空调：只要这台空调一关，怪病就自动消失；一旦将其打开，所有人都全身不适。多年后，加夫雷奥回忆说："一开始，我怀疑是空调马达转动时排出的油气有毒。可检测结果表明是没有的。"后来，他意识到，"一定是马达发出的某种看不见、摸不着的东西让人生了病。会不会是噪声呢？"

加夫雷奥马上组织科研团队进行实验。结果发现，每当马达运行到某一转速时，他和同事们就会恶心、呕吐好几个小时。进一步的实验表明，当马达所发出的声波频率小于20Hz时，由于和人体器官的振动频率相近，两者产生共振，从而对人体造成了伤害。加夫雷奥和他的团队将这种听不到却感受得到的声波称为"次声波"。他们还发现，次声波具有很强的穿透能力，可以穿透建筑物、掩体、坦克等——7 000Hz的声波用一张纸即可阻挡，而7Hz的次声波可以穿透十几米厚的钢筋混凝土墙体。

加夫雷奥认定，他发现了一种"全新的武器"，于是立即着手进行试验。他和同事们造了一个能发出次声波的"哨子"，并成功地将站在旁边的人全部"放倒"。当他和同事们将"哨子"的直径增至1.3米时，所发出的次声波甚至撼动了整座大楼的围墙。

这一发现引起了法国军方的高度重视。从20世纪60年代中期开始，法国国防部指令加夫雷奥专注于研发声波武器。从20世纪70年代开始，他陆续研制出多种型号的声波武器，全部被列为法国军方的"最高机密"。他的实验室则被更名为"法国国防部次声波实验室"。

不过，一次意外还是让加夫雷奥的研究活动曝了光。1986年4月，马赛郊外，有20人在室内、10人在田间劳作时，同时失去了知觉。几秒钟后，他们竟变成了血肉模糊的尸块。尸检发现，这些人全部死于脑血管破裂。原来，当时在16千米外，"法国国防部次声波实验室"正在进行次声波实验。由于技术上的疏忽，次声波冲出了实验室，致使附近的居民死于非命。

没有人知道加夫雷奥对这起惨剧的真实感受。法国国防部的一名前高官透露："加夫雷奥和他的科研团队个个都很疯狂，他们热衷于这项研究，对研究成果产生的影响与冲击似乎并不在意。"

随着加夫雷奥研究的深入,次声波武器的优势越发明显。加夫雷奥向国防部的官员介绍称,次声波武器与常规武器相比,有4个突出的优点:其一,隐蔽性好,传播速度快,容易使敌人在不知不觉中遭到袭击;其二,穿透能力强,作用距离远,即使敌人躲在掩体内,或是坐在坦克中,甚至是躲在深海的潜艇里,也难以逃脱攻击;其三,由于次声波武器的杀伤机理是用声波作用于人体,不会在敌方的武器、弹药以及其他设施上发挥效力,因而可以将这些东西保存下来,变为己用;其四,次声波武器的机动性较好,既可用于单兵作战,也可车载、机载。

然而,1986年的惨剧和他的实验亲历,使加夫雷奥意识到,次声波武器的一个致命缺陷,就是"不分敌我"。为此,他开始进行机器人与次声波武器的综合研发。

2001年,加夫雷奥的"次声波智能战士"面世。这是一款携有次声波武器的军用机器人。它的威力震惊了法国国防部高层——一旦有需要,它可以在瞬间杀死方圆10千米范围内的所有敌人,不论他们是在坦克内、地下指挥所里,还是在战舰上或潜艇中!

2006年,加夫雷奥的实验室再次传出"好消息"——他发明了可有效摧毁敌方鱼雷的"定向脉冲声波武器"。这种安装在舰身吃水线以下的声波武器,可在瞬间发射出高能脉冲声波,

定向脉冲声波武器

其强度足以摧毁或提前引爆被锁定的鱼雷。由于是在水下,声波拦截鱼雷时的速度可达1.5千米/秒。此外,这种武器还可改变声波的发射方向,从而使舰艇具备全方位拦截来袭鱼雷的能力。加夫雷奥的次声波武器自诞生之日起,就引起了其他国家科学家的竞相仿效。

美国在声波武器的研发和应用上，堪称后来居上。在科索沃战争中，美军就曾使用次声波武器向敌方阵地发射次声波，使敌人在几秒钟内昏倒在地或呕吐不止，短时间内丧失了战斗力。

2000年，美国技术公司的首席执行官伍迪·诺里斯称，他发明出了可以让攻击者"停下来"的非致命武器——"超声波子弹"。诺里斯解释说，超声波武器对大多数人来说，即便捂上耳朵，也会产生类似偏头痛的感觉，反应严重的人则会被击倒在地。过去开发的声波武器的缺陷是，声波向所有方向发散，因而操作者自己也会受到伤害，而他的窄带超声波发射技术，解决了这个问题，不会再"误伤"自己。

超声波手枪

美国陆军很快就订购了这种武器。美国退役海军上校杜特表示，由于超声波可在密闭的狭小区域中穿行，因而它将使躲在阿富汗洞穴中的"基地"组织恐怖分子不寒而栗。在"超声波子弹"的打击下，恐怖分子将不得不走出洞穴——而且很可能是用手堵着耳朵走出山洞的。

英国对声波武器的研发与应用也非常早。有消息说，早在20世纪70年代，英军就曾用声波武器对付北爱尔兰地区发生的骚乱。

以色列也把声波武器运用得得心应手。2004年6月10日，部分加沙地带的犹太人定居者，以武力抗拒政府要求他们撤离的命令。为了能将他们驱回国，又不会伤害他们，以色列安全部队使用了刚刚研发成功的声波武器，最终使所有不愿搬走的定居者都放弃了定居点。

有军事专家预测，声波武器将成为未来战场上的超级"无声杀手"，甚至有人预言，在不久的将来，声波武器可能具备洲际作战的能力。不管这些预测是否会成为现实，都已经不能改变一个现实：人类又多了一个"噩梦"！

声音与音乐

危险的声音

1943年1月的一个寒冷的天气里,美国新造的一艘巨型油轮正在交付使用,突然发生了事故:油舱不可思议地裂为两截。据当事人回忆,油舱断裂前有一种嚓嚓的声响。这声响和那灾难是否有关系呢?

找一根细树枝,用力折它。当它快要断裂时,仔细听,它发出了声音!把铁盒子贴到耳边,用手压盒盖,盒盖被压弯了,与此同时耳朵也听到了声响。如果能找到金属锡,你用两只手反复地弯折,听!它"噼啪"、"噼啪"地提出"抗议"了。这就是锡鸣。

上面这些利用声音判断事故的办法跟敲击探伤法不同,不是用其他力量去敲击物体发声,而是在外力作用下,由物体自身的隐患部位发出声音。为了和声撞击相区别,我们把这种现象称作声发射。

■图与文

生活中,这种现象也是很常见的。用木棍抬东西,当木棍发出"咯吱"、"咯吱"的声响时,危险就要来临了。有经验的矿工在矿道中听到坑木的某种声音,就知道要发生事故了。

20世纪50年代初,德国人凯塞尔做金属拉伸实验时,发现金属试样变形时会发出微弱的声音。这些微弱的声响使他想起了巨轮断裂等一系列事故。为了弄清楚这个问题,他和其他科学家对金属在拉伸或其他变形中的声发射现象进行了深入的研究,结果表明金属的声发射是由于内部产生位错运动而引起的。位错运动是金属内部小缺陷的运动,它是产生裂纹和断裂的基本因素。既然位错能引起声发射，而位错又是断裂的前提，利用声发射来预测断裂自然是成立的。

问题并没有那么简单，金属的声发射信号远比周围的噪声微弱，另外金属声发射的信号不但有可听声，而且有超声和次声，靠我们的耳朵去听，往往听不到，或者听到时已经来不及挽救了。

现代电子技术解决了一系列的难题，它既能把声发射信号放大，又能把声发射信号和环境噪声区别开，次声和超声也能检测到。20世纪70年代初，美国成功地在C—5A大型运输机上安装了声发射监测系统，这套装置能探测48个关键区或危险区的安全情况。一旦有事故隐患，这套系统就会报警，保证了飞行安全。

声发射技术是近20年来兴起的现代技术，它在航空、航天、原子能以及金属加工方面有广泛的用途。在巨大的高压容器、发动机和核反应堆旁，声发射监测器正在默默无闻地工作着，为人们的安全站岗放哨。

值得注意的是大地震前的声发射现象。我国历史上关于地声的记载是很多的。如《魏书·灵征志》上就载有公元474年6月，山西"雁门崎城有声如雷，自上西引十余声，声止地震"。这"有声如雷"就是地声。这是世界上有关地声的较早记载。

1973年2月6日，四川炉霍地震前数小时，就有可怕的声音从地下传出。1976年唐山大地震前5个小时，就出现了地声。

不少学者认为，地声是一种声发射现象。地壳在聚积能量的过程中，会在岩体的脆弱部位首先发生微破裂，从而引起声发射。不过，微破裂时的声发射能量较低，频率又偏高，很难传到地面。这种破裂继续发展，就可能产生能量较高的声发射信号，这就是地声。

地震前的声发射是地震孕育过程中的一种物理现象，是一种地震前兆。如何利用它进行地震预报，是一个很有意义的科研课题。

第三章
有趣的声音

你紧张的神经到这里可以得到稍许的放松了,下面介绍一些你没听过的有趣的声音吧!让暖水瓶为我们唱首歌吧,声波牙刷可以帮我们把牙齿刷得更干净,听过你的肌肉发出的叫声吗?嗓门大的人可以为自己的手机充更多的电,水也是会说话的,仔细听听吧!植物的"窃窃私语"你听到了吗?

暖水瓶会唱歌

音调的高低和声源的构造有着密切的关系，固体声源是这样，气体和液体的声源也是这样。

■ 图与文

当你往暖水瓶里灌开水时，你听到的声音会随着灌水的情况发生变化。开始音调低，慢慢音调就高了，等到快灌满时音调最高。这就是暖水瓶的歌声。

暖水瓶唱歌的道理很简单。灌水的时候，瓶里的空气受到振动，发出声音，这部分空气就是声源。开始的时候，里边的空气多，空气柱长，它振动起来比较慢，频率低，发出的音调也就低了。水越灌越多，空气越来越少，空气柱越来越短了。短空气柱和短琴弦一样，是急脾气，振动得快，频率高，音调也就变高了。

找一个细口的药瓶做实验更能说明这个道理。

往细口药瓶里灌进水，让它将满未满。用嘴向瓶口里吹气，听！是音调比较高的叫声。把水倒出一些再吹，那音变低了；再倒出些水，声音更低。如果把水倒光，那瓶子的歌声就非常低沉了。很明显，小药瓶里空气柱的长短决定着它振动的频率。

你吹过笛子吗？笛子虽然没有弦，却有一条看不见的空气柱。这条空气柱受到外力吹动的时候，它就会按一定的频率振动而发出声音。改变空气柱的长度就能发出不同的声调。你把嘴唇放在吹孔上，用一股又扁又窄的气流去吹动笛子里的气柱，笛子就唱歌了。把笛子的6个孔全堵上，笛

子里的空气柱最长,发出最低的一个音。如果你把离吹口最远的一个孔放开,空气柱就减短了一截,笛子的音调就高一些。吹笛子的人不断地堵住或者放开笛子上的气孔,改变里面空气柱的长短,就能演奏出优美的乐曲。

笛子的音调不但和气柱的长短有关,而且和演奏者吹气的状况有关。原来一个低音"do",指法不变,运用"超吹"的奏法,可以发出高音"do"。

笛子的历史很悠久了。前些年,朝鲜发现了一根4 000年前的笛子。那是用一根鸟腿骨做成的竖笛,笛管上有13个孔,各孔之间相距7~10毫米,呈一条直线,靠两端的孔又稀又小。

用竹管做的笛也有很长的历史。唐代大诗人李白的诗中就有"谁家玉笛暗飞声,散入春风满洛城"的佳句。玉笛就是一种竹管乐器。

声波牙刷

声波牙刷科学的定义是指刷毛/刷头的振动频率与声波频率一致或者相近,因此也叫声波振动牙刷。并非字面意思理解的用"声波"来刷牙,只是类似于声波振动频率的刷毛快速运动创造了超越传统手动牙刷近100倍的超强清洁效果,而且还有按摩牙龈、美白、坚固牙齿的保健作用,是至今为止科技含量最高、清洁和保健效果最好的牙刷。

声波牙刷的工作

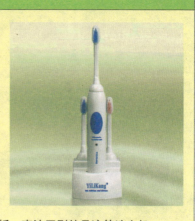

图与文

有一种解释非常形象:声波牙刷。如果说传统牙刷是扫把,那么声波牙刷就是强力吸尘器。如果说传统手动牙刷是手摇扇子,那么声波牙刷就是智能空调。如果手动牙刷是搓衣板,声波牙刷就是滚筒洗衣机。

原理就是依靠微型机芯强劲稳定的动力输出，带动刷头和刷毛产生高速运动，因此微型动力输出系统——电机是声波牙刷的心脏，也是决定声波牙刷质量的关键因素。截至2009年，全球微型电机技术分为两大类：

第一类：有齿轮的传统电机动力输出系统——加强版的微型电机。

比如松下、飞利浦、博朗、欧姆龙等品牌为代表。这类微型电机的动力性能远远超越了电动牙刷的动力，其频率可以达到20 000～30 000次/分钟，其缺点是噪声大，能量损耗大。

第二类：非齿轮动力输出系统——磁悬动力系统（MTIC）。

这种技术是微型电机动力输出的最新成果，突破了传统电动机械传动原理，可持续稳定产生无机械摩擦的高频声波振动，所输出的能量比带齿轮的微型电机更强劲、更稳定、更环保，是目前该领域的最尖端技术。目前，LEBOND的产品应用了该技术，并实现了产业化。

同样是牙刷，当你用过高品质的声波牙刷之后，你会发现，原来刷牙可以有如此美妙的享受。而这种感觉，只能体味，难以言传。在中国，很少人用过这种高档的声波牙刷，只要用过，一般都不会再想用传统牙刷了。这不得不佩服科技改变人类生活习惯的魅力，正如当年的手机给人类的生活带来的巨大变迁一样。

声波牙刷的4个"大师"级的功能：

口腔清洁师——独有牙渍软化系统，定向清除残留食物、牙菌斑系统。

牙齿美容师——安全呵护，保护牙齿天然珐琅质完整，实现牙龈粉润有弹性。

牙龈按摩师——给牙龈专业安全的按摩体验，促进牙龈微循环，防止牙龈萎缩，减少牙龈出血

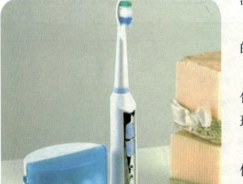

声波牙刷

与口腔溃疡，牙齿遇冷热刺激不过敏。

口腔绿化师——声波牙刷全面清除牙齿、牙龈、牙周、舌苔部位的细菌，令口腔清爽舒畅，口气清新。

声波牙刷作为牙刷产品中"前无古人，后难超越"的技术巅峰之作，其前景无疑是光明的。用"座机电话与手机"来形容传统牙刷与声波牙刷最为合适，因此其普及是迟早的事。据悉，目前声波牙刷的全球巅峰技术流派LEBOND正筹备大举培育中国市场，他们提出的口号是"让一部分嘴巴先享受起来"。可以预见，随着参与的企业越多，声波牙刷的市场培育和普及力度和速度将大大加快，目前还只属于社会高收入阶层的时尚品，假以时日定会进入寻常百姓的家庭。专家预测，在未来10年内，中国的声波牙刷普及率将达到30%～50%。

肌肉的"叫声"

你的肌肉会对你轻声细语，不信吗？用你的拇指轻轻地堵住耳朵，把胳膊肘抬高，两手开始握拳。听！一种微弱的隆隆声灌进了你的耳朵，拳头攥得越紧，声音就越响。这就是手部肌肉收缩的声音。

科学实验已证明肌肉是会"喊叫"的，如用带有灵敏扩音机的听诊器去听运动员肌肉的声音，当运动员举重时，他前臂的肌肉就会发出声音，用力越大，

凶猛的鲨鱼

声音越响。人的肌肉说话时"嗓子"很粗,频率大约在 25Hz 左右。

不只是人体肌肉会发出低频的声音,各种鱼类和其他动物的肌肉也会低声细语。海洋里有一种凶猛的鲨鱼,它常常潜伏在某处一动不动,等猎物游近时,它就来个闪电式的出击。动物学家们发现,鲨鱼对低频的声波特别敏感,能听到猎物的肌肉发出的低音,从而判断猎物的行踪。

鲨鱼的本领启发了我们,能不能制造一种仪器,能侦听到远处的各种肌肉声,利用它去捕鱼、侦察,甚至狩猎呢?这在目前还只是一种设想,能不能成为现实还有待人们的努力。

嗓门大充电多

然而,人们对这种装置也产生了担忧,理由就是一些不顾他人感受的手机用户会在公众场合制造更令人难以忍受的噪声,为手机充电。除了手机外,这项技术也可用于为私人音乐播放器充电,让 iPod 等播放器在播放用户喜欢的歌曲同时进行充电,做到娱乐和充电两不误。

韩国首尔成均馆大学的金翔宇表示,就像扬声器将电信号转换成声音一样,相反的过程也可将声音转换成电。他说:"科研人员对很多利用环境中能量的方式进行了深入研究。声音存在于我们日常生活和环境中的每

■图与文

韩国科学家研制出一种装置,允许手机在通话的同时充电,声音越大,充电越多。这项技术能够将声音转换成电,通话的声音越大,充电越多。对于那些经常因为电量耗尽而备感挫折的手机用户来说,这项发明无疑是一个"天赐之物"。

一个角落,但一直遭到忽视。这促使我们研究利用声音发电的可能性,将谈话、音乐或者噪声转换成电。"

金翔宇研制的装置采用微型氧化锌绳——氧化锌是炉甘石液的主要成分,置于两个电极之间。顶部的一个吸音垫在声音到达时发生振动,促使微型氧化锌绳伸缩。这一过程产生的电流可用于为电池充电。目前,这种装置只能将100分贝左右的声音转换成微弱的电流,100分贝相当于火车通过或者附近剪草机工作时发出的噪声。

虽然这一装置还不足以满足手机的充电需求,但工程师认为通过改变

交通高峰

细绳使用的材料,便可将分贝更低的声音转换成更多电量。除了利用手机通话发电外,这种装置也可利用汽车高速公路高峰时产生的噪声,将产生的电输送给电网。由于减少交通噪声,附近居民也成为受益者。

目前,美国科学家正在研制一种装置,可将走路时的膝盖运动转换成电。这种膝盖带可利用走路弯曲膝盖时产生的能量,允许通勤者在步行赶地铁途中为手机充电。此外,这种装置也能减少士兵上战场时所需携带的电池数量。

听诊器的秘密

听诊器的类型目前有单用听诊器、双用听诊器、三用听诊器、立式听诊器、多用听诊器,以及最新出现的电子听诊器;颜色也有多种可选。一

科学第一视野 | KEXUE DIYI SHIYE

■ 图与文

听诊器是内外妇儿科医师最常用的诊断用具，是医师的标志，现代医学即始于听诊器的发明。世界上第一个听诊器的发明距今已有100多年的历史。听诊器自从被应用于临床以来，外形及传音方式有不断改进，但其基本结构变化不大，主要由拾音部分（胸件）、传导部分（胶管）及听音部分（耳件）组成。

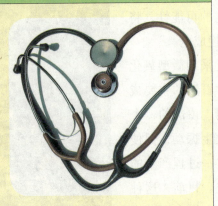

一般由听头的不同组合分成多种类型。扁形听诊头常用于听诊高音调杂音大小，双功能扁形听头用于探测低频心音、扩张音和第三音，以及第一、第二心音，已经能听到小儿的心音；钟形听诊头常用于听诊低音条高杂音，可以听到腹中的婴儿心跳；表式听诊头，常用于听诊手腕的脉搏声响。

19世纪的某一天，急驶而来的马车在法国巴黎一所豪华府第门前停下，车上走下了著名的医生雷内克，他是被请来给这里的贵族小姐看病的。面容憔悴的小姐，坐在长靠椅上，紧皱着双眉，手捂胸口，看起来病得不轻。等小姐捂着胸口诉说病情后，雷内克医生怀疑她患上了心脏病。

若要使诊断正确，最好是听听心音，早在古希腊的《希波克拉底文集》

膜型听头

杯式听头

中，就已记载了医生用耳贴近病人胸廓诊察心肺声音的诊断方法。雷内克也从中获知这种听诊方法，平时常常用来诊察病人。但是，当时的医生都是隔着一条毛巾用耳朵直接贴在病人身体的适当部位来诊断疾病的，而这位病人是年轻的贵族小姐，这种方法明显不合适。雷内克医生在客厅里一边踱步，一边想着能不能有更好的方法。看到医生冥思苦想的样子，屋里的人也不敢随便走动和说话。

听诊器的发明者雷内克医生

走着走着，雷内克医生的脑海里突然浮现出几天前他遇到的一件事情——在巴黎的一条街道旁，堆放着一些修理房子用的木材。几个孩子在木料堆上玩耍，其中有个孩子用一颗大钉敲击一根木料的一端，然后让其他的孩子用耳朵贴在木料的另一端来听声音，他敲一敲，问一问："听到什么声音了？""听到了有趣的声音。"孩子们笑着回答。

正在他们玩得兴高采烈的时候，雷内克医生路过这里，他被孩子们的玩耍吸引住了，就停下脚步，仔细地看着孩子们玩耍。他站在那里看了很久，忽然兴致勃勃地走了过去问："孩子们，让我也来听听这声音行吗？"孩子们愉快地答应了。他把耳朵贴着木料的一端，认真地听孩子们用铁钉敲击木料的声音。"听到了吗？先生。""听到了，听到了！"

雷内克医生灵机一动，马上叫人找来一张厚纸，将纸紧紧地卷成一个圆筒，一头按在小姐心脏的部位，另一头贴在自己的耳朵上。果然，小姐心脏跳动的声音中即使是轻微的杂音都被雷内克医生听得一清二楚。他高兴极了，告诉小姐的病情已经确诊，并且一会儿可以开好药方。

雷内克医生回家后，马上找人专门制作一根空心木管，长30厘米，口径0.5厘米，为了便于携带，从中剖分为两段，有螺纹可以旋转连接，这就是第一个听诊器，它与现在产科用来听胎儿心音的单耳式木制听诊器很相似。因为这种听诊器很像笛子，所以被称为"医生的笛子"。

雷内克由此发明了木质听诊用具，是一种中空的直管，雷内克将之命名为听诊器。后来，雷内克医生又做了许多实验，最后确定用喇叭形的象牙管接上橡皮管做成单耳听诊器，效果更好。单耳听诊器诞生的时间是1814年。由于听诊器的发明，使得雷内克能诊断出许多不同的胸腔疾病，他也被后人尊为"胸腔医学之父"。雷内克医生死于1826年，年仅45岁。

1840年，英国医师乔治·菲力普·卡门改良了雷内克设计的单耳听诊器。卡门认为，双耳能更正确地诊断。他发明的听诊器是将两个耳栓用两条可弯曲的橡皮管连接到可与身体接触的听筒上，听诊器是一个中空镜状的圆椎。卡门的听诊器，有助于医师听诊静脉、动脉、心、肺、肠内部的声音，甚至可以听到母体内胎儿的心音。

1937年，凯尔再次改良了卡门的听诊器，增加了第二个可与身体接触的听筒，可产生立体音响的效果，称为复式听诊器，它能更准确地找出病人的病灶所在。可惜凯尔的改良品未被广泛采用。

近来，又有电子听诊器问世，它能放大声音，并能使一组医师同时听到被诊断者体内的声音，还能记录心脏的杂音，与正常的心音比较接近。虽然新型听诊器不断问世，但是医师们普遍采用的仍然是由雷内克设计、经卡门改良的旧型听诊器。

过去，听诊器在听诊效果方面的确没有太大区别。现在，听诊器种类繁多，不同等级的听诊器在听正常音响时差别还不太明显，但听杂音时就有天壤之别。一般说来，听诊器的品质越高，对杂音的辨析能力越强，使用的时间也越长。一个临床医师应该至少常备一副品质较优良的听诊器。

共振音响

共振音响是一种神奇的音频设备,它是运用共振发声原理设计出来的360°无阻碍音乐播放器。它能让任何平面(如木质桌面、玻璃、墙体、金属等)尽情放送悦耳的音乐,让你可以聆听到身边各种材质对音乐品质的不同诠释,尽情体会音乐自主的乐趣。

■图与文

共振音响是一款新产品,没有喇叭的音响,市面上极为少见。共振音响的出现,其宗旨就是打破传统普通音响音效的局限性,因为普通音响的传声是经过喇叭水平震荡空气传递达到音效效果的,且有一定的局限指向性。共振音响就不会这样,共振音响可以以360°周率传播。

什么是共振音响呢?简单地说就是存在这样一种发声系统,它本身没有振膜,通过接触到介质——硬质物体就会发声。

广大音频爱好者对2.0、2.1、5.1等多媒体音箱系统早已司空见惯,但对这种"共振"音箱的概念可能闻所未闻。它形体短小精悍,独处桌面一角,通体黝黑,头顶隐隐闪耀绿色光芒。它沉默不语,却正暗中凝聚内力,引得桌面阵阵长啸……

有人想,如此一来,它放置的地方不同,发出的声音应该有所区别。完全正确,它的共振特性决定了它发声的音色取决于所接触物体的材质。经过试听,在厚实的原木上,它产生的声音低音低沉,共鸣明显;放置在玻璃上,声音清脆而响亮,高音表现突出。

传统音响

共振音响还有一种独特的特有的——穿透性,就是说共振音响可以通过介质面使音效穿过介质,达到介质的另一面也可以收听到乐曲,也就是说如果你把共振音响安装到房门或某些墙面上,你在这边放乐曲,另一边也可以和你一起共享悠扬的音乐。

目前,在医疗及保健中有一种体感音乐疗法,它是一种新的声学治疗技术。原理是通过水及其他介质传递给人体,人的身体可以被音乐振动调节,其物理功能可以被改变。通过音乐振动减弱病状、诱导产生松弛并减轻压力。

介质共振混合音响采用的是振动器振动发声加纸质鼓膜喇叭发声。我们经常听音响的人都知道,普通音响除了专业音响,一般的普通音响重低音都是不够的,低音好点的一般体积都不小,这主要是由于采用喇叭发声的音响受发声单元体大小的影响很大,所以很多多媒体音响直接采用低音炮,外接音箱,充分扩大其发声单元体的体积范围,但这样对于音响的外形就有很大的限制了。这就是为什么我们在市面见到的音响一般都是四方四正有棱有角的原因,且低音效果也不是很好。

而近几年才出现的振动音响,采用的则是振动介质发声的原理,一般重低音效果不错,体积纤小,形状也是千奇百怪,估计很多音乐发烧友都会惊呼,这也是音响?但振动音响也有其致命的缺陷,中高音不足或者是几乎没有,且离不开介质(也就是音响的接触面)。一旦离开介质,声音就几乎没有了,这些都是我们购买振动音响所要考虑的问题。离不开介质,那就对播放场地有所限制了。

建筑里的声音

建筑和声音有着密切的关系,你不妨到各种建筑物里去听一听。在空旷的操场上说话,你会觉得声音不响而且单调;在空旷的大礼堂里说话,你会听到很大的回声;在教室、在卧室、在厨房、在楼道,你在各种建筑物里说一说、听一听。经过比较你会发现,同是你的说话声,在各种建筑物里听起来却各不相同。

■ 图与文

为什么在空无一人的礼堂里说话,反而觉得听不清呢?这是因为除了从声源发出的声波之外,还有从距离不同的物体反射回来的许多声波,这些回声不能同时到达你的耳朵,这就使你感到声音变了,这种现象叫做混响。混响时间和建筑物的结构有关,是可以控制的。例如,北京首都剧场的混响时间,坐满观众时是1.86秒,空的时候是8.8秒。

混响时间太长了会干扰有用的声音,混响时间过短也会使人觉得声音单调。建筑学家要处理好这些难题,是要花一番心思的。人民大会堂里有个万人礼堂,体积有9万多立方米,表面积有1万多平方米,要求它具备的音响性能是:有合适的混响时间;噪声小于35分贝;开会发言时,每个座位都能听到70分贝清晰的声音;舞台演奏时,每个座位都要听到80分贝丰满的乐曲……怎么办呢?

这就要根据声波特性和人对声音的感觉,从建筑设计、建筑材料、建筑构造、扩音设备等方面进行综合研究。专门研究这些问题的科学叫建筑声学。天坛回音壁说明了我国古代建筑声学的卓越成就,人民大会堂则显

人民大会堂万人礼堂

示了我国20世纪50年代建筑声学的水平。

万人会堂的扩音设备，采用了分布放大系统，分别在座位上装了8000只小喇叭，每只喇叭的功率只有0.1瓦，能产生75分贝的声级。由于这么多小喇叭分布在全场，电传输的速度又极快，主席台上讲话的声音一下子就传满了大会堂的各个角落，使听众感到是在直接聆听发言。此外，礼堂还采用了立体声放大系统，舞台上配置14个传声器，文艺演出时观众听到的乐曲更真切。大礼堂满座时的混响时间是1.6秒，全空时只有3秒。万人会堂的巧妙声学设计，是在我国著名声学家马大猷教授亲自领导下完成的。

舞台上的声音

有些剧场的音响效果非常好，即使在离舞台很远的座位，都能很清楚地听到舞台上的声音。而有些剧场的音响效果却很差，甚至坐在舞台附近座位的观众，都听不清楚舞台上演员的声音。这是为什么呢？美国某位物理学家曾在他所著的《音波和声音的运用》中提到这一点：

"在建筑物中，讲话停止时，有时余音还缭绕了好几秒钟。这时，倘

声音与音乐

若有别的声音产生,听众就必须集中精神才能勉强听出演员所讲的是什么。譬如说,演员说了一句台词后,余音维持了3秒钟,这时在余音还没消失前,另一演员又以每秒3音节的速度讲话,如此,室内就有9音节的音波互相反射着,所以听起来就显得很嘈杂。如果演员要避免这种情况发生的话,则讲话时,上一句台词和下一句台词之间,应该停顿几秒钟,而且声音不要太大。有些演员不懂这种物理现象,反而把说话的声音提得更高,结果只是显得更嘈杂罢了!"

以前的人以为音响效果好的剧场只是偶然产生的。现在,使余音消逝的方法已经发明出来了,而且有好几种。简单地说,要使音响效果良好的话,就得想办法吸收多余的余音(但也不能完全吸收掉),最能够吸收余音的就是正好打开一半的窗户,另外听众们也是很好的吸收体,所以一个听众稀少的空剧场,音响的效果反而不好。

■图与文

可是,"音"被吸收的程度太大的话,声音就会变得太低而不容易听到,并且余音也会太少。这样的话,声音显得断断续续的,所以余音不能太长也不能太短,而必须恰到好处才行。

怎样的"余音"才算恰到好处,是依各剧场而不同的。在剧场里,还有一样东西也是很有趣的。那就是"提词箱",这是每个剧场都有的设备,而且它们的形状都一样。这种"提词箱"也是利用物理学的原理而发明的。它的天花板部分就是"音"的凹面镜。它既能够防止提词的声音传向观众那个方向,又能够把提词的声音传给演员。

水会说话

水是会"说话"的。听听水的声音,可以判断水的状况。把满满的一瓶子水倒出来。听!水在噗噗作响。用墨水瓶、啤酒瓶、暖水瓶做这个实验,它们发出的声音是不同的。

图与文

把水壶坐在火炉上,当水壶发出叫声的时候,那水并没有开。等水真正沸腾的时候,叫声又不是那样响了。"响水不开,开水不响。"水壶里的声息为什么能报告壶里的情况呢?

这是因为水流出来的时候,空气要从瓶口挤进去,那一个个气泡钻出水面时会因压强变小而迅速膨胀,发生冲击,水瓶就这样"说话"了。

坐在火炉上的水壶,壶底的水最先热起来,于是那里就产生了气泡。这些气泡温度很高,水的压力不能把它们压破,水的浮力却让它浮向上面。气泡浮到了上边的冷水层,就把热量传给了冷水,自己的温度降了下来。气泡温度一降,里面的压力也小了,抵挡不住水的压力,就被压破了。水的分子乘机冲入气泡,发生了撞击。气泡浮上来的多了,这种撞击声就会大起来,所以水壶发出"叫声"的时候,它并没有沸腾。水在大开的时候,水中的气泡大都钻出水面冲向空气,这时的声响当然就会变成哗啦哗啦的了。

人被烫着的时候会喊叫,水挨烫时也会"尖叫"呢!把几滴冷水滴在

烧红了的炉盖上,听!它咝咝地"尖叫"了。烧水做饭时,我们常常会听到这种声音。

水当然没有知觉,它挨烫时"尖叫"是由于它在急速地变为汽。炉盖或红煤球的温度很高,水滴到上边马上变成了水蒸气。一滴水变为汽,体积大约要膨胀1 000倍以上,这么长就扰动了周围的空气,发出了声音。

提一壶冷水,向地面上倒一点。你听到的是清脆的噼啪声。提一壶开水,同样向地面上倒一点,你听到的则是低沉的噗噗声。

为什么冷水和开水倒在地上发出的声调不同呢?有人解释说,这是由于冷水里含的空气多,而开水里几乎没有空气了。当冷水浇到地上的时候,水和水里的空气同时跟地面撞击,所以发出的声音比较清脆。开水倒在地上,就只有水跟地面撞击,所以发出的声音比较低沉。这种解释是否确切,可以看看冷开水倒在地上会发出怎样的声音。

把一壶烧开的水,每隔两三分钟向地上浇一次,同时注意听它的声音,你会发现,随着水温的降低,音调由低转高,由噗噗声变成了噼啪声。

这个实验是已故的科普作家顾均正先生设计的。经过他的研究,认为开水的声音是因为开水的温度造成的。当水温在100℃左右时,水的分子活动能力大大增加了,分子之间的吸引力大为减少,这种沸腾的水不但表面的水分子在快速蒸发,而且内部的水分子也会争先恐后地跳出来变为汽,所以开水四周总是包围着一层水汽。当水倒到地面上时,水汽首先垫在上面,开水和地面之间有了这一层绒毯似的气垫,撞击的声调也就低沉多了。当水温远低于沸点时,液体内部的分子不再汽化,水柱落地再没有气垫的缓冲作用,声音也就变得清脆了。

我们可以用棉被和钢球来验证顾先生的理论。从一定的高度向木床板落下一个钢球,听!那撞击声多么清脆。在床板上垫一床棉被,再让钢球(或其他重物)自由下落。听!声音发闷了。

"能听会说"的纤维

据了解,科学家们通过在人造纤维中添加一些感光和感声材料,创造出了这种全新的智能纤维。这种新纤维有着从微型麦克风到精致的医疗感应器的广泛潜在应用性能。虽然棉花、聚酯纤维、羊毛以及其他一些物质不仅看起来好,手感也让人感觉非常舒服,但这种新研制出的材料,不仅拥有羊毛等物质的突出性能,还有其他多种功能,比如看到东西,发出声音等。

美国麻省理工学院的科学家们近日研究出一种能看东西、会听声音,而且还能讲话的纤维材料。

这种特殊的纤维材料之所以拥有这种特殊的制造工艺,就是因为它的制作过程十分特别。科学家们为了制作出具有声音感应功能的纤维,他们首先制作了一个厚的棒状型纤维和粗加工成品。他们在这个粗加工成品里放有一层厚厚的石墨电极层,在微型麦克风和感光材料中均装有一个塑料的压电器。科学家们先是加热这个粗棒,然后将它展开成数毫微米厚的内含薄层膜的纤维材料,但它总体的大小和原始加工品是相同的。

通常这种纤维如果被加热,它内部的材料就会分离或者混合,总之最后会使纤维的功能失效,所以研究人员在伸展这种纤维时非常小心,避免破坏它的潜在结构,同时研究人员通过在纤维中合并压电材料,不仅使纤维可以看到东西,还能听到声音以及讲话。这种新纤维的内部因为加入了压电材料,所以当被挤压时就会产生电流。当声波抵达这种纤维时,它就

声音与音乐

会卷曲并且能够发电。科学家们通过测量电流,就能够听到声音和压力波了,不管是长波还是听不见的超声波,都可以感应到。相反,当电流被输送到纤维中的压电器时,也会产生对应的声波和压力波。这种综合纤维的使用范围也相当广泛。

据悉,现在美国军队开始尝试将这种感光材料作为士兵之间交流的一种新型媒介。

植物的"窃窃私语"

这是植物干涸时发出的声音。生物声学家伯尼·克劳斯(Bernie Krause)用一种特殊的仪器,从一截干瘪的树干上收集到这样的声音。仪器具有和这种声音高传播频率相似的频率(47kHz),因此可以录制下来普通人无法听到的天籁。克劳斯将这段频率放慢到1/7,制作出一段音频。

原来,树木的木质部和韧皮部的细胞充满了空气,这些空气对植物的新陈代谢具有重要的作用。它们可以产生渗压,这样树木才能源源不断地通过根部吸收水分。

当树木体内的水分不够时,这些细胞开始"说话"甚至"唱歌"。它们发出一种杂音,这种杂音单单靠人耳是无法听到的,但昆虫可以听到。昆虫一旦听到这种细胞发出的声音,就会像注射了兴奋剂一样,兴冲冲地赶过来。因为

■图与文

"咚咚咚"的鼓点响起,就像手掌击打在兽皮制成的小鼓上,声音浑浊而低沉。若是配上"乌拉乌拉"的歌谣,就如同置身于非洲原始部落的篝火晚会。

它们中的一些需要吸汁，鸟儿也会被吸引过来。

"这是微生态环境独有的平衡。"克劳斯解释说。

事实上，早在20世纪70年代，一名澳大利亚的科学家就发现了这种现象。他当时无法解释植物为何能发出表达自己意愿的特殊声音，而这种微小的声音，一度使伐木场的工人以为是神灵在谴责他们滥砍树木。

几年后，一个叫做米切尔的英国科学家做了一个小实验。他把微型话筒放在植物茎部，倾听是否发出声音。经过长期监听，他并没有找到证据来说植物确实存在语言。不过，米切尔坚持认为，遇到特殊情况，植物会和人一样，发出不同的声音。

植物生长的电信号一度被认为是它的语言。1980年，美国科学家金斯勒和他的同事，在一个干旱的峡谷里安装上遥感装置，用于监听植物生长时是否发出声音。结果，他们发现，当植物进行光合作用，将养分转换成生长原料时，就会发出一种信号。由于科技水平的限制，他们并不知道这种信号是否能用声音的方式表达出来。

"就像电报的密码，只要翻译出这些信号，我们就能了解植物的生存状况。"金斯勒在日记里写道。

金斯勒的研究成果在很长一段时间内都无法超越。直到2002年，英国科学家罗德和日本科学家岩尾宪三合作，设计出别具一格的"植物活性翻译机"。这部机器由放大器、合成器和录音器组成。

通过翻译机，人们听到了一些奇怪的声音。如果植物在黑暗中突然受到强光的照射，它能发出类似"哎呀"之类的惊讶的声音。而当变天刮风，它们就会轻轻地呻吟，声音低沉而混乱，似乎正在忍受某种痛苦。

有的热带植物还能唱出美妙的歌曲，就像希腊神话里唱腔妖娆的海妖；有的却像是久病的老妇人，发出长长的喘息声。而原来一些叫声难听的植物，只要获得适宜的阳光，或者接受充足的水分后，声音就会变得优雅婉转。

这一发现被后来的植物学家用于对植物健康状况进行诊断。他们还试图用"植物活性翻译机"测试植物对环境污染的反应。不过,科学界一直对"植物语言"的存在莫衷一是。很多科学家甚至拒绝承认植物的这一特性。

声音与音乐

尽管如此,还是有很多人相信,植物世界里存在着某种语言或声音系统。这种特有的波段一直在维系着它们的生存。不过,当伐木工人们穿上厚厚的防护服,背上大大的电锯,植物们只有一种选择——忍受并且接受。

"植物也是会骂街的。"克劳斯提醒人们。他深信,那些植物正在用尽最后的力气,将抗议大声地呐喊出来,通过干瘪的年轮、枯萎的树叶,以及时刻准备倒下的躯干。

 鲸变"高音"

研究者们在英国周边海域深入观察了鲸是如何应对越来越喧闹的海洋环境的。被选择进行研究的海域里,有大量的海上钻井平台,有繁忙的海上运输,还有声音巨大的海洋风力发电厂,那是世界上最嘈杂的海域之一。

■ 图与文

去过酒吧的人一定会有一种感受:如果酒吧嘈杂,交谈时不得不提高声音,以使对方听清楚。最近,海洋生物学家对鲸的求偶呼叫进行了研究,他们发现,鲸向情侣发出的求偶信号越来越大——几乎是50年前的10倍。而造成这一变化的原因是越来越吵闹的海洋环境。

海洋生物学家皮特·泰克发现轮船和海上平台发出的声音有着跟鲸类叫声相同的音频。于是,鲸类尝试改变它们发出的声音音量和频率,使叫声更大更加具有穿透力,就像是原来唱低音的歌手转向高音。

鲸的歌声能够传播到几百英里之外的海域,这对它们的求偶活动非常重要,但是由于海洋变得越来越嘈杂,给鲸类的交配带来越来越多的麻

77

烦——鲸类的呼叫变得不如以往精细，而且需要多次重复，因而交流当中消耗了相当多的能量。由于有些鲸被迫改变了叫声，不仅改变了音量，还改变了音阶，造成它们的同类误以为它叫错了自己的"名字"，所以鲸类要找到一个合适的配偶越来越难了。

海洋噪声，就是人类给鲸制造的尴尬。

海豚的语言

这项研究发现，海豚相互间交流的方式近乎于人类。当一些海豚发出像吹口哨一样的声音时，这些声音是由特定组织振动发出的，其运作原理类似于人类和许多陆生生物的声带振动。"人类或者动物吹的口哨，是由气腔的共振频率决定的。"这篇报告的第一作者彼得·麦德森说，"但当海豚潜入水中时，其气腔被压缩，发出来的'吹哨声'就会比原来的声音高，潜得越深，音高也越高。"

麦德森是丹麦奥尔胡斯大学生物系的研究员，他的团队正在通过运用数码化技术分析一条12岁雄性宽吻海豚在1977年录制的声音，研究海豚的交流方式。海豚在海洋中会吸入一种氦氧混合气（80%氦气，20%氧气），这种气体能使人的声音听起来像唐老鸭，声音在其中的传播速度可达平常的1.74倍。也就是说，若一个人吸入这种气体之后吹口哨，

■图与文

近日，一项发表在《皇家社会生物学通讯》的研究发现，海豚不是像我们所通常认为的那样在吹口哨，它们相互间交流的方式近乎于人类。也许，不远的未来，我们可以理解海豚所说的话。

那他吹出来的音高会是呼吸正常空气吹出来的1.74倍。"但我们发现海豚在这种氦氧混合气体中呼吸时并不会改变音高，这说明其音高并不取决于鼻腔气腔的尺寸，所以它们不是在吹口哨"，麦德森说，"实际上，它们是通过鼻腔中结缔组织的共振频率来发声的，而且它们能随意调节肌肉紧张度和通过的气流。这和人类用声带说话时做的一模一样。"

研究者称，这一研究对于所有齿鲸类也同样适用。那海豚们一般在聊些什么呢？它们是在交换身份信息。据说，这可以帮助它们在汪洋大海中遨游时保持联系。

美国研究海豚语言的音响工程师约翰·斯图尔特和杰克·卡瑟维兹发明了一种叫"CymaScope"的仪器，这种仪器可显示声音的细节结构，让人们可以研究图形化的声音，因此研究者可以像破译埃及象形文字一样，将海豚的话"翻译"出来。除了口哨声之外，海豚还会发出啾啾声和火车行驶在轨道上的声音，这意味着它们也拥有相当复杂的社会互动。

"海豚能'看见'声音，过程和我们使用超声波探测孕妇子宫中的胎儿很像。海豚利用发声看见了什么？CymaScope为我们提供了第一次探索这个领域的可能性。"卡瑟维兹说，"我相信世界各地的人们都会乐意与海豚交流，倘若海豚不保守的话，应该也会乐意和我们交谈。"

这项研究还有另一个有趣的内容：阐明动物是怎么发展、失去、又再发展一项能力的。海豚的陆生祖先可能像人类一样发声，当它们变成水生动物时，就失去了这项本领，而后又渐渐地"通过鼻子中全然不同的结构"，重新获得发声能力。通过训练，海豚也能学会真正的吹口哨，但麦德森认为它们"在自然环境下不会去吹"，因为它们已经拥有了"更有效的'吹口哨'方法"。

蝙蝠的秘密武器

夏天的傍晚，成群的蝙蝠在黑暗中飞来飞去。它们时而高，时而低，灵巧地追逐着空中的飞虫，却从来不会撞到房屋、石柱甚至一根树枝上。

蝙蝠高超的飞行本领，引起了18世纪意大利科学家斯勃拉采尼的兴趣。他决心通过试验，揭开蝙蝠飞行的秘密。起初，斯勃拉采尼认为蝙蝠一定是有一双敏锐的眼睛，使它在漆黑的夜空中也能看清东西。可是，当他把蝙蝠的眼睛弄瞎以后，发现蝙蝠照飞不误，仍能准确地捕食小虫和躲开障碍物。之后，他又把蝙蝠的鼻子封住，割掉它的舌头，甚至在蝙蝠身上涂上厚厚的漆，然而这一切做法都没有影响蝙蝠的正常飞行。最后，他设法紧紧堵住蝙蝠的耳朵，结果蝙蝠"失态"了，只见它东冲西撞，到处碰壁，连小虫也捉不住了。这时，斯勃拉采尼恍然大悟，原来蝙蝠是靠灵敏的耳朵探路的。但是，靠耳朵的听觉怎么能帮助蝙蝠寻觅食物和发现障碍物呢？这个问题斯勃拉采尼到死也没有弄明白。

200多年后，也就是到了20世纪50年

■图与文

人们通过电子仪器观测发现，蝙蝠飞行时它的口中可以发出几万赫兹的超声波。这种超声信号碰到昆虫或障碍物时被反射回来，被它的两只大耳朵接收到，传送到神经中枢，蝙蝠便可以判断出目标的性质及其距离。是昆虫，就去捕食；是障碍物，就设法躲开。蝙蝠飞行的秘密就在于此。

代，由于超声理论和技术的出现，蝙蝠的飞行之谜，终于被破解了。

超声也是一种声波，不过由于它的频率在 20 000Hz 以上，超出了人的听觉范围，所以人耳听不到它。也就是说，超声是一种听不见的声音。超声同普通声波的区别，就在于它的频率很高，也正是由于这一点，使它具有了与普通声波不同的特性。普通声波的传播是没有方向性的，锣声一响，四面八方都可以听到。即使遇到障碍物，只要它不是很大，也可以绕过去，继续向各个方向传播。而超声则不同，由于它的频率很高，波长很短，它可以像一束光线一样，朝着一定的方向传播。如果传播中遇到障碍物，哪怕是很小的障碍物，它也会被反射回来。这是超声波的一个重要特点。

科学家进一步的研究还发现，蝙蝠"超声定位"的本领是相当惊人的。例如，它在黑夜里平均每分钟能捕获 10 只蚊虫，并且能避开直径半毫米的电线；特别奇妙的是，它在密不透光的山洞中，并不受大风大雨的声音和其他蝙蝠的声音干扰，在外界噪声比信号强 2 000 倍的情况下，也能辨别得出从蚊虫身上返回来的回声。这一点，连现代最先进的无线电定位装置也望尘莫及。目前，科学家正模仿蝙蝠的定位系统，研制一种新的雷达抗干扰装置。这种装置一旦研制成功，它必将在国防侦察和天文、气象观测中发挥重大的作用。

大象的"歌声"

这种超声波甚至能够使 9.66 千米之遥的大象群体之间建立通信，低声调的大象叫声频率在 20Hz 以下，可能与人类歌唱声音存在很少的共同点，但是研究人员现证实大象与人类发音有着惊人的相似之处。

专家曾置疑大象的声音是否像猫的咕噜咕噜声，大象的次声波是通过肌肉颤搐声带而产生的。这一机制可以产生任意无序的低音频，最终发现大象的声音单纯是通过喉头释放出来，就像人类歌唱一样。

■图与文

据英国每日邮报报道，大象和歌星们似乎没有太多共同点，但事实上两者都会以低沉声音歌唱表达自己的情绪。目前，研究人员最新研究发现大象能够释放一种超声波隆隆声，该声音频率过低，人类无法听到，但是可以保持大象群聚集在一起，帮助雄性发现配偶。

德国研究小组对一头在柏林动物园自然死亡的非洲象的喉头进行了实验测试，受压气体通过声带从而观察是否能够产生大象的叫声。研究人员在《科学》杂志上指出，虽然我们能够清晰无疑地排除大象切体喉头出现活性肌肉颤搐的可能性，但是我们无法排除活体大象出现这种咕噜咕噜叫声的可能。

然而，我们的研究证实大象并没有必要产生肌肉颤搐形成像大象的低频发音，大象低频发音的低基频与振颤组织的张力和大小有着直接关系。

大象喉头包含的振颤系统的特征非常类似于人类和其他哺乳动物，流量振动声带，从生理学和进化学角度意味着这种非常强的低频声音可用于大象的远程通信。

孔雀的"交谈"

加拿大曼尼托巴大学的动物行为学专家安吉拉·弗里曼在动物行为学学会年度会议上发表报告称："其他孔雀能听到雄孔雀的声音，当我把录下的雄孔雀的声音播放给其他孔雀听时，雌性孔雀显得很警觉，雄性孔雀似乎在尖叫。孔雀是迄今发现的第一种发出频率低于人类听觉所能听到的声音的鸟类。"

来自加拿大金斯顿皇后大学的罗斯林·大金专门研究孔雀求偶的视觉魅力,她说:"这一发现令我感到很兴奋,如果孔雀能够低沉地说话,那么其他鸟类也可能能够这样做,我认为这不是一个奇怪的现象。"

次声是频率低于20Hz的声音,不在人类的听力范围,但动物能够发出次声,并不代表它们会沟通。科学家曾经录下松鸡的声音,当播放这些声音时,它们没有任何反应,好像没有听到。

据国外媒体报道,加拿大科学家进行的新的录音显示,孔雀可能用频率低于20Hz的次声交谈,雄孔雀炫耀美丽的羽毛时是在低沉地说话,只是人类听不到罢了。

该研究报告的合著者在研究时发现孔雀的羽毛散开时,稍微向前弯曲,像一个浅碟型卫星天线,弗里曼因此受到启发,决定录下雄孔雀的声音。她发现,孔雀发出的声音的频率低于20赫兹。当一只雄性孔雀展开它裙摆式的羽毛时,抖动羽毛,产生声音涟漪,这时几米开外见不到的孔雀都能听到,而人类只能听到像叶子似的沙沙声。

在会议上,罗斯林·大金提出证据表明,某些雄性孔雀在独处时发出好像在性交的假叫声,以吸引雌性孔雀。研究还表明,孔雀之间交谈的次数比生物学家预计的要多。

第四章
音乐趣谈

当婴儿哭闹的时候,他们会被母亲抱起来,母亲的体感振动会使婴儿感到安全舒适,他们立刻会平静下来。同样,当成人焦虑不安或抑郁时,音乐的体感振动也会使他们感到安宁。音乐还有许多妙用,但你了解音乐吗?让我们一起去看看音乐的世界里有什么有趣的事情吧!

何谓音乐

物体规则振动发出的声音称为乐音。由有组织的乐音来表达人们的思想感情、反映现实生活的一种艺术就是音乐。音乐分为声乐和器乐两大部门。在所有的艺术类型中，比较而言，音乐是最抽象的艺术。

■图与文

音乐是什么？音乐是人们抒发感情、表现感情、寄托感情的艺术，不论是唱、奏或听，都内涵着关联人们千丝万缕的情感因素。音乐是对人类感情的直接模拟和升华。人们可以从音乐的审美过程中，通过情感的抒发和感受，产生认识和道德的力量。

为什么音乐能表达人们的感情呢？因为音与音之间联接或重叠，就产生了高低、疏密、强弱、浓淡、明暗、刚柔、起伏、断连等，它与人的脉搏律动和感情起伏等有一定的关联。特别对人的心理，会起着不能用言语所能形容的影响作用。广义地讲，音乐就是任何一种艺术的、令人愉快的、神圣的或其他什么方式排列起来的声音。音乐的定义仍存在着激烈的争议，但通常可以解释为一系列对于有声、无声具有时间性的组织，并含有不同音阶的节奏、旋律及和声音乐与人的生活情趣、审美情趣、言语、行为、人际关系等，有一定的关联。故高雅的音乐与低俗的音乐其对人们的影响是大不相同的，或者简单说就是好听的"杂音"。

音乐的基本要素是指构成音乐的各种元素，包括音的高低、音的长短、音的强弱和音色。由这些基本要素相互结合，形成音乐的常用的"形式要素"，例如：节奏、曲调、和声，以及力度、速度、调式、曲式、织体、音色等。

构成音乐的形式要素，就是音乐的表现手段。音乐的最基本要素是节奏和旋律。

音乐的节奏是指音乐运动中音的长短和强弱。音乐的节奏常被比喻为音乐的骨架。节拍是音乐中的重拍和弱拍周期性地、有规律地重复进行。我国传统音乐称节拍为"板眼"，"板"相当于强拍，"眼"相当于次强拍（中眼）或弱拍。

曲调也称旋律，高低起伏的乐音按一定的节奏有秩序地横向组织起来，就形成了曲调。曲调是完整的音乐形式中最重要的表现手段之一。曲调的进行方向是变幻无穷的，基本的进行方向有3种："水平进行"、"上行"和"下行"。相同音的进行方向称水平进行；由低音向高音方向进行称上行；由高音向低音方向进行称下行。曲调的常见进行方式有："同音反复"、"级进"和"跳进"。依音阶的相邻音进行称为级进，三度的跳进称小跳，四度和四度以上的跳进称大跳。

和声包括"和弦"及"和声进行"。和弦通常是由3个或3个以上的乐音按一定的法则纵向（同时）重叠而形成的音响组合。和弦的横向组织就是和声进行。和声有明显的浓、淡、厚、薄的色彩作用，还有构成分句、分乐段和终止乐曲的作用。

力度是指音乐中音的强弱程度。速度是指音乐进行的快慢。

调式是音乐中使用的音按一定的关系连接起来，这些音以一个音为中心（主音）构成一个体系，就叫调式，如大调式、小调式、我国的五声调式等。调式中的各音，从主音开始自低到高排列起来即构成音阶。

曲式是音乐的横向组织结构。织体是多声音乐作品中各声部的组合形态（包括纵向结合和横向结合关系）。

音色有人声音色和乐器音色之分。在人声音色中又可分童声、女声、男声等。乐器音色的区别更是多种多样。在音乐中，有时只用单一音色，有时又使用混合音色。

音乐是一种符号，声音符号，表达人的所思所想，是人们思想的载体之一。音乐是有目的的，是有内涵的，其中隐含了作者的生活体验、思想情怀。

第一视野 | KEXUE DIYI SHIYE

音乐——人类情感的寄托

音乐从声波上分析，它介于噪声和频率不变的纯音之间，从效果上讲它可以带给人美的享受和表达人的情感。音乐对于社会具有审美功能，认识、教育功能和娱乐功能。

音乐是一种抒发感情、寄托感情的艺术，它以生动活泼的感性形式，表现高尚的审美理想、审美观念和审美情趣。音乐在给人以美的享受的同时，能提高人的审美能力，净化人们的灵魂，陶冶情操，提高审美情趣，树立崇高的理想。

音乐是社会行为的一种形式，反映社会生活，又给予社会以深刻的影响。通过音乐人们可以互相交流情感和生活体验。在歌曲中，这种作用表现得最为突出。

音乐的起源

人类社会从什么时候开始有了音乐，已无法查考。在人类还没有产生语言时，就已经知道利用声音的高低、强弱等来表达自己的思想和情感。随着人类劳动的发展，逐渐产生了统一劳动节奏的号子和相互间传递信息的呼喊，这便是最原始的音乐雏形；当人们庆贺收获和分享劳动成果时，往往敲打石器、木器以表达喜悦、欢乐之情，这便是原始乐器的雏形。

声音与音乐

管乐器的起源传说。中国古代历史记述了距今5 000年前的黄帝时代，有一位名叫伶伦的音乐家，他进入西方昆化山内采竹为笛。当时恰有5只凤凰在空中飞鸣，他便合其音而定律。虽然这一故事也不能完全相信，但是可将其看做是有关管乐器起源的带有神秘色彩的传说。

■阅读

弦乐器的起源传说。世界上最早的弦乐器是中国的古琴，亦称瑶琴、玉琴、七弦琴。古琴是在周朝就已盛行的乐器，到现在至少也有3 000年以上的历史了。20世纪初才被称作"古琴"。琴的创制者有"昔伏羲作琴"、"神农作琴"、"舜作五弦之琴以歌南风"等作为追记的传说，可以看出琴在中国有着悠久的历史。《诗经·关雎》中有"窈窕淑女，琴瑟友之"，《诗经·小雅》中亦有："琴瑟击鼓，以御田祖"等记载。

伏羲氏

古代音乐的起源传说。中国最初的帝王——黄帝，是5 000年前创造了历法和文字的名君。当时，除了前述的伶伦之外，还有一位名叫"伏羲"的音乐家。传说伏羲是人首蛇身，曾在母胎中孕育了12年。他弹奏了有五十弦的琴，由于音调过于悲伤，黄帝将其琴断去一半，改为二十五弦。

此外，在黄帝时代的传说中，神农也是一位音乐家，他教人耕作，尝百草发现了草药，他还创造了五弦琴。

89

音乐理论

音乐学是一个历史的科学的研究音乐的广阔领域,其中包括音乐理论和音乐史。音乐作为一门古老的艺术,各文化也都有其独特的音乐系统,民族音乐学是一门以该领域为讨论对象的学科。音乐是无国界的,无论你是哪个国家的人,说着怎样的语言,听见好的音乐,都会明白作者的心思。

音乐作品从不同分类角度可以有不同分类:

音乐作品总体上可分为声乐、器乐、戏曲音乐(包括歌剧音乐、舞剧音乐、戏剧配乐等)3类。其中戏曲音乐的音乐部分也含在声乐和器乐中,通常也分别并入声乐和器乐中。

歌剧音乐

有创作音乐和民间音乐之分;还有古典音乐与现代音乐之分。

声乐从唱法上主要分为:美声唱法、通俗唱法、民族唱法、原生态唱法。

流行音乐是属于一种有着广泛听众极具吸引力的音乐,相较于艺术音乐和传统音乐,流行音乐是一个不分年龄、人人共享的音乐,以"雅俗共赏"通称,故又称通俗音乐。

音乐的发展是没有限制与范围的,但是音乐是有时间性的,所以若只靠口耳相传,难免会有一些差错,久而久之,便无法保持原来乐曲的原味,因此前人便发明了各种音乐符号,利用这些符号组成了乐谱,后人就可以利用这些乐谱,演奏出与作者意思相同的音乐,而记录在乐谱上的各种符号

及规则,就称为乐理。

音阶。调式中的音,按照高低次序(上行或下行),由主音到主音排列起来就叫做音阶。

调的结构形态,侧重于就音列内部各音之间音程关系的规格来指称音列。音阶中的每一个音都可以当主音以建立调式,

■图与文

乐谱是一种以印刷或手写制作,用符号来记录音乐的方法。不同的文化和地区发展了不同的记谱方法。记谱法可以分为记录音高和记录指法两大类。五线谱和简谱都属于记录音高的乐谱。吉他的六线谱和古琴的减字谱都属于记录指法的乐谱。传统的乐谱主要以纸张抄写,现在也有电脑程式可以制作乐谱。

可形成7种不同的七声自然调式。凡是具有趋向平均性质的音阶,在同一音阶中选取不同的音当主音时所形成的调式都相似,内部不能再区分为不同的调式,只是主音的音高可以有所不同而已。

中国古代音乐属于五声音阶体系,五声音阶上的5个级被称为"五声",即宫(do)、商(re)、角(mi)、徵(so)、羽(la)。比较著名的中国古代音乐有《广陵散》、《高山流水》、《梅花三弄》等。

中国音乐

正式的中国音乐历史文字记载,始于周朝。中国音乐从很早已经掌握七声音阶,但一直偏好比较和谐的五声音阶,重点在五声中发展音乐,同时将中心放在追求旋律、节奏变化,轻视和声的作用。

中国音乐的发展方向和西方音乐不同,西方音乐从古希腊的五声音阶,逐渐发展到七声音阶,直到十二平均律;从单声部发展到运用和声,所以

西方音乐如果说像一堵厚重的墙壁,上面轮廓如同旋律,砖石如同墙体,即使轮廓平直只要有和声也是墙,正像亨德尔的某些作品。中国音乐则不同,好像用线条画出的中国画,如果没有轮廓(旋律)则不成其为音乐,但和声是可有可无的。所以,西方人听中国音乐"如同飘在空中的线",而从未接触西方音乐的中国人则觉得西方音乐如同"混杂的噪声"。

史前古乐。中华民族音乐的蒙昧时期早于华夏族的始祖轩辕黄帝两千余年。据今6700年至7000多年的新石器时代,先民们可能已经可以烧制陶埙,挖制骨哨。这些原始的乐器无可置疑地告诉人们,当时的人类已经具备对乐音的审美能力。远古的音乐文化根据古代文献记载,具有歌、舞、乐互相结合的特点。葛天氏氏族中的所谓"三人操牛尾,投足以歌八阕"的乐舞就是最好的说明。当时,人们所歌咏的内容,诸如"敬天常"、"奋五谷"、"总禽兽之极",反映了先民们对农业、畜牧业,以及天地自然规律的认识。

这些歌、舞、乐互为一体的原始乐舞还与原始氏族的图腾崇拜相联系。例如黄帝氏族曾以云为图腾,他的乐舞就叫做《云门》。关于原始的歌曲形式,可见《吕氏春秋》所记涂山氏之女所作的"候人歌"。这首歌的歌词仅只"候人兮猗"一句,而只有"候人"二字有实意。这便是音乐的萌芽,是一种孕而未化的语言。

古代音乐。中国古代"诗歌"是不分的,即文学和音乐是紧密联系的。现存最早的汉语诗歌总集《诗经》中的诗篇当时都是配有曲调,为人民大众

■ 图与文

河南舞阳县贾湖遗址的骨笛溯源于公元前,距今8 000年左右,是全世界最古老的吹奏乐器。其中的一支七孔骨笛保存得非常完整,专家们进行过实验,发现仍然能使用该骨笛演奏音乐,能发出七声音阶,但中国古代基本上只使用五声音阶。

口头传唱的。这个传统一直延续下去，比如汉代的官方诗歌集成，就叫《汉乐府》，唐诗、宋词当时也都能歌唱。即使到了今天，也有流行音乐家为古诗谱曲演唱，如苏轼描写中秋佳节的《水调歌头》，还有李白的《静夜思》。

中国古代对音乐家比较轻视，不像对待画家，因为中国画和书法联系紧密，画家属于文人士大夫阶层，在宋朝时甚至可以"以画考官"（其实也是因为宋徽宗个人对绘画的极度爱好）。乐手的地位较低，只是供贵族娱乐的"伶人"。唐朝时著名歌手李龟年也没有任何政治地位，现在的人知道他是因为常出现在唐诗中而受人赞扬。

中国古代的"士大夫"阶层认为，一个有修养的人应该精通"琴棋书画"，所谓的"琴"就是流传至今的古琴。不过古琴只限于士大夫独自欣赏，不能对公众演出。古琴的音量较小，也是唯一地位较高的乐器。

中国古代的音乐理论发展较慢，在"正史"中地位不高，没能留下更多的书面资料。但音乐和文学一样，是古代知识分子阶层的必修课，在古代中国人的日常生活中无疑占有重要的地位；民间则更是充满了多彩的旋律。

夏商两代是奴隶制社会时期。从古典文献记载来看，这时的乐舞已经渐渐脱离原始氏族乐舞为氏族共有的特点，它们更多地为奴隶主所占有。从内容上看，它们渐渐离开了原始的图腾崇拜，转而为对征服自然的人的歌颂。例如：夏禹治水，造福人民，于是便出现了歌颂夏禹的乐舞《大夏》。夏桀无道，商汤伐之，于是便有了歌颂商汤伐桀的乐舞《大濩》。商代巫风盛行，于是出现了专司祭祀的巫（女巫）和觋（男巫）。他们为奴隶主所豢养，在行祭时舞蹈、歌唱，是最早以音乐为职业的人。奴隶主以乐舞来祭祀天帝、祖先，同时又以乐舞来放纵自己来享受。他们死后还要以乐人殉葬，这种残酷的殉杀制度一方面暴露了奴隶主的残酷统治，而在客观上也反映出生产力较原始时代的进步，从而使音乐文化具备了迅速发展的条件。

据史料记载，在夏代已经有用鳄鱼皮蒙制的鼍鼓。商代已经发现有木腔蟒皮鼓和双鸟饕餮纹铜鼓，以及制作精良的脱胎于石桦犁的石磬。青铜

双鸟饕餮纹铜鼓

时代影响所及,商代还出现了编钟、编铙乐器,它们大多为3枚一组。各类打击乐器的出现体现了乐器史上击乐器发展在前的特点。始于公元前5 000余年的体鸣乐器陶埙从当时的单音孔、二音孔发展到五音孔,它已可以发出十二个半音的音列。根据陶埙发音推断,中华民族音乐思维的基础五声音阶出现在新石器时代的晚期,而七声至少在商、殷时已经出现了。

西周和东周是奴隶制社会由盛到衰,封建制社会因素日趋增长的历史时期。西周时期宫廷首先建立了完备的礼乐制度。在宴享娱乐中不同地位的官员规定有不同的地位、舞队的编制。总结前历代史诗性质的典章乐舞,可以看到所谓"六代乐舞",即黄帝时的《云门》,尧时的《咸池》,舜时的《韶》,禹时的《大夏》,商时的《大蠖》,周时的《大武》。

周代还有采风制度,收集民歌,以观风俗、察民情。赖于此,保留下了大量的民歌,经春秋时孔子的删定,形成了中国第一部诗歌总集——《诗经》。它收有自西周初到春秋中叶500多年的入乐诗歌一共305篇。《诗经》中最优秀的部分是"风",它们是流传于以河南省为中心,包括附近数省的十五国民歌。此外,还有文人创作的"大雅"、"小雅",以及史诗性的祭祀歌曲"颂"这几种体裁。就其流传下来的的文字分析,《诗经》中的歌曲可概括为10种曲式结构。作为歌曲尾部的高潮部分,已有专门的名称"乱"。在《诗经》成书前后，著名的爱国诗人屈原根据楚地的祭祀歌曲编成《九歌》，具有浓重的楚文化特征。至此，两种不同音乐风格的作品南北交相辉映成趣。

周代时期，民间音乐生活涉及社会生活的十几个侧面，十分活跃。世传伯牙弹琴，钟子期知音的故事即始于此时。这反映出演奏技术、作曲技术，以及人们欣赏水平的提高。古琴演奏中，琴人还总结出"得之于心，方能应之于器"的演奏心理感受。著名的歌唱乐人秦青的歌唱据记载能够"声振林木，响遏飞云"。更有民间歌女韩娥，歌后"余音绕梁，三日不绝"。这些都是声乐技术上的重大成就。

周代音乐文化高度发达的成就还可以1978年湖北随县出土的战国曾侯乙墓葬中的古乐器为重要标志。这座可以和埃及金字塔媲美的地下音乐宝库提供了当时宫廷礼乐制度的模式，这里出土的8种124件乐器，按照周代的"八音"乐器分类法（金、石、丝、竹、匏、土、革、木）几乎各类乐器应有尽有。其中最为重要的64件编钟乐器，分上、中、下三层编列，总重量达5 000余千克，总音域可达5个八度。由于这套编钟具有商周编钟一钟发两音的特性，其中部音区十二个半音齐备，可以旋宫转调，从而证实了先秦文献关于旋宫记载的可靠性。

曾侯乙墓钟、磬乐器上还有铭文，内容为各诸侯国之间的乐律理论，反映了周代乐律学的高度成就。在周代，十二律的理论已经确立。五声阶

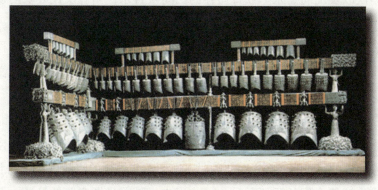

曾侯乙编钟

名(宫、商、角、徵、羽)也已经确立。这时,人们已经知道五声或七声音阶中以宫音为主,宫音位置改变就叫旋宫,这样就可以达到转调的效果。律学上突出的成就见于《管子·地员篇》所记载的"三分损益法",就是以宫音的弦长为基础,增加 1/3(益一),得到宫音下方的纯四度徵音,徵音的弦长减去 1/3(损一),得到徵音上方的纯五度商音,依次继续推算就得到五声音阶各音的弦长。按照此法算全八度内十二个半音(十二律)的弦长,就构成了"三分损益律制"。这种律制由于是以自然的五度音程相生而成,每一次相生而成的音均较十二平均律的五度微高,这样相生十二次得不到始发律的高八度音,造成所谓"黄钟不能还原",给旋宫转调造成不便,但这种充分体现单音音乐旋律美感的律制一直延续至今。

秦汉时开始出现"乐府"。它继承了周代的采风制度,搜集、整理改变民间音乐,大量乐工在宴享、郊祀、朝贺等场合演奏。这些用作演唱的歌词,被称为乐府诗。乐府,后来又被引申为泛指各种入乐或不入乐的歌词,甚至一些戏曲和器乐也都称为乐府。

汉代主要的歌曲形式是相和歌。它从最初的"一人唱,三人和"的清唱,渐次发展为有丝、竹乐器伴奏的"相和大曲",并且具"艳—趋—乱"的曲体结构,它对隋唐时的歌舞大曲有重要的影响。汉代在西北边疆兴起了鼓吹乐,它以不同编制的吹管乐器和打击乐器构成多种鼓吹形式,如横吹、骑吹、黄门鼓吹等。它们或在马上演奏,或在行进中演奏,用于军乐礼仪、宫廷宴饮以及民间娱乐。今日尚存的民间吹打乐,当有汉代鼓吹的遗绪。在汉代还有"百戏"出现,它是将歌舞、杂技、角抵(相扑)合在一起表演的节目。汉代律学上的成就是京房,以三分损益的方法将八度音程划为六十律。这种理论在音乐实践上虽无意义,但体现了律学思维的精微性,从理论上达到了五十三平均律的效果。

三国、两晋、南北朝时期音乐。由相和歌发展起来的清商乐在北方得到曹魏政权的重视,设置清商署。两晋之交的战乱,使清商乐流入南方,与南方的吴歌、西曲融合。在北魏时,这种南北融合的清商乐又回到北方,从而成为流传全国的重要乐种。汉代以来,随着丝绸之路的畅通,西域诸

国的歌曲已开始传入内地。北凉时吕光将在隋唐燕乐中占有重要位置的龟兹（今新疆库车）乐带到内地。由此可见，当时各族人民在音乐上的交流已经十分普遍了。

这时，传统音乐文化的代表性乐器古琴趋于成熟，这主要表现为：在汉代已经出现了题解琴曲标题的古琴专著《琴操》。三国时著名的琴家嵇康在其所著《琴操》一书中有"徽以中山之玉"的记载。这说明当时的人们已经知道古琴上徽位泛音的产生。当时，一大批文人琴家相继出现，如嵇康、阮籍等，《广陵散》（《聂政刺秦王》）、《猗兰操》、《酒狂》等一批著名曲目问世。

三国时著名的琴家嵇康

南北朝末年还盛行一种有故事情节，有角色和化妆表演，载歌载舞，同时兼有伴唱和管弦伴奏的歌舞戏。这已经是一种小型的雏形戏曲。

这一时期律学上的重要成就，包括晋代荀勖找到管乐器的"管口校正数"。南朝宋何承天在三分损益法上，以等差迭加的办法，创立了十分接近十二平均律的新律。他的努力初步解决了三分损益律黄钟不能还原的难题。

隋唐两代，政权统一，特别是唐代，政治稳定，经济兴旺，统治者奉行开放政策，勇于吸收外域文化，加上魏晋以来已经孕育着的各族音乐文化融合打下的基础，终于萌发了以歌舞音乐为主要标志的音乐艺术全面发展的高峰。

唐代宫廷宴享的音乐，称作"燕乐"。隋、唐时期的七步乐、九部乐就属于燕乐，它们分别是各族以及部分外国的民间音乐，主要有清商乐（汉族）、西凉（今甘肃）乐、高昌（今吐鲁番）乐、龟兹（今库车）乐、康国（今俄罗斯萨马尔汉）乐、安国（今俄罗斯布哈拉）乐、天竺（今印度）乐、高丽（今朝鲜）乐等。其中龟兹乐、西凉乐更为重要。燕乐还分为坐部伎和立部伎演奏，根据白居易的《立部伎》诗，坐部伎的演奏员水平高于立部伎。

风靡一时的唐代歌舞大曲是燕乐中独树一帜的奇葩。它继承了相和大曲的传统，融会了九部乐中各族音乐的精华，形成了散序—中序或拍序—破或舞遍的结构形式。

霓裳羽衣舞

见于《教坊录》著录的唐大曲曲名共有46个，其中《霓裳羽衣舞》以其为著名的皇帝音乐家唐玄宗所作，又兼有清雅的法曲风格，为世所称道。著名诗人白居易写有描绘该大曲演出过程的生动诗篇《霓裳羽衣舞歌》。

唐代音乐文化的繁荣还表现为有一系列音乐教育的机构，如教坊、梨园、大乐署、鼓吹署以及专门教习幼童的梨园别教园。这些机构以严格的考绩，造就着一批批才华出众的音乐家。文学史上堪称一绝的唐诗在当时是可以入乐歌唱的。当时歌伎曾以能歌名家诗为快；诗人也以自己的诗作入乐后流传之广来衡量自己的写作水平。在唐代的乐队中，琵琶是主要乐器之一。它已经与今日的琵琶形制相差无几。现在福建南曲和日本的琵琶，在形制上和演奏方法上还保留着唐琵

日本的琵琶

琶的某些特点。

受到龟兹音乐理论的影响，唐代出现了八十四调、燕乐二十八调的乐学理论。唐代曹柔还创立了减字谱的古琴记谱法，一直沿用至近代。

宋、金、元时期音乐文化的发展以市民音乐的勃兴为重要标志，较隋唐音乐得到更为深入的发展。随着都市商品经济的繁荣，适应市民阶层文化生活的游艺场"瓦舍"、"勾栏"应运而生。在"瓦舍"、"勾栏"中人们可以听到叫声、嘌唱、小唱、唱赚等艺术歌曲的演唱，也可以看到说唱类音乐种类崖词、陶真、鼓子词、诸宫调，以及杂剧、院本的表演，可谓争奇斗艳、百花齐放。这当中唱赚中的缠令、缠达两种曲式结构对后世戏曲，以及器乐的曲式结构有着一定的影响，而鼓子词则影响到后世的说唱音乐鼓词。诸宫调是这一时期成熟起来的大型说唱曲种，其中歌唱占了较重的分量。

承隋唐曲子词发展的遗绪，宋代词调音乐获得了空前的发展。这种长短句的歌唱文学体裁可以分为引、慢、近、拍、令等词牌形式。在填词的手法上已经有了"摊破"、"减字"、"偷声"等。南宋姜夔是既会作词，又能依词度曲的著名词家、音乐家。他有17首自度曲和1首减字谱的琴歌《古怨》传世。这些作品多表达了作者关怀祖国人民的心情，描绘出清幽悲凉的意境，如《扬州慢》、《鬲溪梅令》、《杏花天影》等。宋代的古琴音乐以郭楚望的代表作《潇湘水云》开古琴流派之先河，作品表现了作者爱恋祖国山河的盎然意趣。在弓弦乐器的发展长河中，宋代出现了"马尾胡琴"的记载。

到了元代，民族乐器三弦的出现值得注意。在乐学理论上，宋代出现了燕乐音阶的记载，同时早期的工尺谱谱式也在张炎《词源》和沈括的《梦溪笔谈》中出现。近代通行的一种工尺谱直接导源于此时。宋代还是中国戏曲趋于成熟的时代。它的标志是南宋时南戏的出现。南戏又称温州杂剧、永嘉杂剧，其音乐丰富而自然。最初时一些民间小调，演唱时可以不受宫调的限制。后来发展为曲牌体戏曲音乐时，还出现了组织不同曲牌的若干乐句构成一种新曲牌的"集曲"形式，南戏在演唱形式上已有独唱、对唱、合唱等多种。传世的3种南戏剧本《张协状元》等见于《永乐大曲》。

戏曲艺术在元代出现了以元杂剧为代表的高峰。元杂剧的兴盛最初在北方，渐次向南方发展，与南方戏曲发生交融，代表性的元杂剧作家有关汉卿、马致远、郑光祖、白朴，另外还有王实甫、乔吉甫，世称六大家。典型作品如关汉卿的《窦娥冤》、《单刀会》，王实甫的《西厢记》。

元杂剧有严格的结构，即每部作品由四折（幕）一楔子（序幕或者过场）构成。一折内限用同一宫调，一韵到底，常由一个角色（末或旦）主唱，

元杂剧作家关汉卿

这些规则有时也有突破，如王实甫的《西厢记》达五本二十折。元杂剧对南方戏曲的影响，造成南戏（元明之际叫做传奇）的进一步成熟，出现了一系列典型剧作，如《拜月庭》、《琵琶记》等。这些剧本经历代流传，至今仍在上演。当时南北曲的风格已经初步确立，以七声音阶为主的北曲沉雄，以五声音阶为主的南曲柔婉。随着元代戏曲艺术的发展，出现了最早的总结戏曲演唱理论的专著，即燕南之庵的《唱论》，而周德清的《中原音韵》则是北曲最早的韵书，他把北方语言分为19个韵部，并且把字调分为阴平、阳平、上声、去声4种。这对后世音韵学的研究以及戏曲说唱音乐的发展均有很大的影响。

由于明清社会已经具有资本主义经济因素的萌芽，市民阶层日益壮大，音乐文化的发展更具有世俗化的特点。明代的民间小曲内容丰富，虽然良莠不齐，但其影响之广，已经达到"不论男女"、"人人习之"的程度。由此，私人收集编辑、刊刻小曲成风，而且从民歌小曲到唱本、戏文、琴曲均有私人刊本问世，如冯梦龙编辑的《山歌》，朱权编辑的最早的琴曲《神

奇秘谱》等。

明清时期,说唱音乐异彩纷呈,其中南方的弹词、北方的鼓词,以及牌子曲、琴书、道情类的说唱曲种更为重要。南方秀丽的弹词以苏州弹词影响最大。在清代,苏州出现了以陈遇干为代表的苍凉雄劲的陈调;以马如飞为代表的爽直酣畅的马调;以俞秀山为代表的秀丽柔婉的俞调这3个重要流派。以后又繁衍出许多新的流派。北方的鼓词以山东大鼓,冀中的木板大鼓、西河大鼓、京韵大鼓较为重要。而牌子曲类的说唱有单弦、河南大调曲子等;琴书类说唱有山东琴书、四川扬琴等;道情类说唱有浙江道情、陕西道情、湖北渔鼓等。

少数民族也出现了一些说唱曲,如蒙古说书、白族的大本曲。明清时期歌舞音乐在各族人民中有较大的发展,如汉族的各种秧歌,维吾尔族灯木卡姆,藏族的囊玛,壮族的铜鼓舞,傣族的孔雀舞,彝族的跳月,苗族的芦笙舞等。以声腔的流布为特点,明清戏曲音乐出现了新的发展高峰。明初四大声腔有海盐、余姚、弋阳、昆山诸腔,其中的昆山腔经由江苏太仓魏良甫等人的改革,以曲调细腻流畅,发音讲究字头、字腹、字尾,而赢得人们的喜爱。昆山腔又经过南北曲的汇流,形成了一时为戏曲之冠的昆剧。最早的昆剧剧目是明梁辰鱼的《浣纱记》,其余重要的剧目如明汤显祖的《牡丹亭》、清洪升的《长生殿》等。弋阳腔以其灵活多变的特点对各地的方言小戏产生了重要的影响,

汤显祖

使得各地小戏日益增多，如各种高腔戏。

明末清初，北方以陕西秦腔为代表的梆子腔得到很快的发展，它影响到山西的蒲州梆子、陕西的同州梆子、河北梆子、河南梆子。这种高亢、豪爽的梆子腔在北方各省经久不衰。晚清，由西皮和二黄两种基本曲调构成的皮黄腔，在北京初步形成，由此产生了影响遍及全国的京剧。

明清时期，器乐的发展表现为民间出现了多种器乐合奏的形式，如北京的智化寺管乐、河北吹歌、江南丝竹、十番锣鼓等。明代的《平沙落雁》、清代的《流水》等琴曲，以及一批丰富的琴歌《阳关三叠》、《胡笳十八拍》等广为流传。琵琶乐曲自元末明初有《海青拿天鹅》以及《十面埋伏》等名曲问世，至清代还出现了华秋萍编辑的最早的《琵琶谱》。明代末叶，著名的乐律学家朱载育计算出十二平均律的相邻两个律（半音）间的长度比值，精确到25位数字，这一律学上的成就在世界上是首创。

19世纪末，中国被迫开放南方沿海，开始接触西方音乐和乐器，广东音乐首当其冲，首先吸收西方和声方法，创造了新乐器扬琴和木琴，发展了乐队合奏的音乐，至今广东音乐仍然有其独特的魅力，是中西结合比较成功的典范。

1838到1903年（即狭义的"学堂乐歌"运动兴起前的60多年），教会音乐也对中国现代音乐教育产生了巨大的影响。在鸦片战争后，传教士赴华数量增加，西方传教士在中国传教时，往往用唱圣诗来作为辅助方法，因此半音等概念都得到了传播。

民间音乐家为中国乐器的演奏发展创造了新的阶段。二胡作曲家刘天华创作了大量的二胡独奏曲，如《良宵》、《光明行》、《江河水》等，演奏家华彦钧（瞎子阿炳）创作了《二泉映

瞎子阿炳

月》等二胡和琵琶曲。尽管当时时世动乱，但中国民族的音乐不论在独奏和乐队合奏方面都有很大的发展。

　　1910年到1920年的新文化运动期间，很多到海外留学的中国音乐家回国之后，开始演奏欧洲古典音乐，也开始用五线谱记录新作品。大城市里组成了新兴交响乐团，混合欧洲古典音乐和爵士乐，在音乐厅和收音机里非常流行。在20世纪30年代的上海达到了鼎盛时期。

　　虽然使用西方的乐器和音乐手段，但通俗音乐仍然是以中国的方式，即旋律为主，五声音阶为主，才能受到更多人的喜爱。周璇是当时最受欢迎的表演家之一，是当时通俗音乐的代表，其为电影《马路天使》演唱的主题歌《天涯歌女》和《四季歌》一时极为流行，符合当时民众的抗日情绪，被誉为"金嗓子"。

"金嗓子"周璇

　　中华人民共和国成立之后，流行歌曲除革命歌曲之后，又加入翻译成中文的苏联流行歌曲。各地开始建立交响曲团，演奏西方古典音乐和中国作曲家的新作。东欧的乐团曾多次到中国表演，中国乐团也参加了许多国际表演会。中国音乐家也尝试用西方的乐器方法写作具有中国风味的音乐，比较成功的有小提琴协奏曲《梁祝》，采纳了越剧的部分旋律。

　　和第三世界的国家交往也不断增加，为此成立了东方歌舞团，专门学习、演唱亚洲、非洲和拉丁美洲国家各民族的民歌乐曲，在中国广受欢迎，从此发展中国家的音乐开始对中国音乐产生影响。中国民族乐队的配器、合奏方式也基本定型，产生了不少成功的民族器乐交响曲。

维也纳金色大厅

近年来,中国的民族音乐开始受到世界各国的广泛关注,每年春节都会被邀请到维也纳金色大厅举行中国新年音乐会,并座无虚席。

在台湾的校园歌曲和香港邓丽君开创的演唱方式,使中国通俗音乐发展到一个高峰,具有中国音乐独特的风格和魅力。邓丽君在美国开演唱会时,吸引了许多舞台剧务美国人在后台全程欣赏,虽然他们听不懂中国唱词。

在北伐战争时期,中国的音乐家配合革命,创作了大量的革命歌曲,在国民革命军中广为传唱,有的是用国外通俗歌曲旋律直接配以革命歌词。

在抗日战争时期,音乐家更是同仇敌忾,写作了大量的抗日歌曲。冼星海的《黄河大合唱》气势磅礴,反映了当时全民抗日的精神。聂耳为电影配曲作的《义勇军进行曲》更是雄壮,成为抗日军民的军歌被到处传唱。中华人民共和国成立后,为了居安思危,不忘中华民族如何抵抗外国侵略,将义勇军进行曲定为国歌。

1942年延安文艺座谈会之后,中国共产党控制的地区开始把当地民歌改写成革命歌曲,如陕北民歌《东方红》。改写的目的是在大多是文盲的农民人口中传播共产主义思想。

"文革"期间,西方音乐,尤其是苏联音乐又不合法了。重新流行革命歌曲和所谓的"语录歌",加上独裁的"样板戏",和国外的交往几乎停止,甚至在欢迎美国总统尼克松的宴会上,乐队演奏美国歌曲《草堆上的火鸡》,

当时的文化部长都要向总理抗议,大陆中国音乐进入一个低谷时期。可音乐的发展也不是完全停滞不前的。

"文革"期间的"样板戏"虽然过于霸道,但将西方管弦乐队引入为京剧伴奏,产生了特殊的效果,在浑厚的管弦乐背景下的京胡和皮鼓声,更突出了京剧音乐的特点,也是一种中西结合的发展。尤其是"打虎上山"过门中的圆号独奏,和后面京胡唱腔浑然天成,很值得欣赏。

自中国改革开放以来,流行音乐首先从我国的香港及台湾地区进入内地,尤其是台湾的校园歌曲和邓丽君

人民音乐家聂耳

演唱的歌曲,在内地大受欢迎,曾在中国中央电视台春节联欢晚会演出的张明敏的《我的中国心》在内地一炮走红,这也是中国内地第一次公开的港台歌曲演出。此后,中国内地的流行歌曲与其他地区的各种风格、各种流派的音乐结合,产生了不少脍炙人口的歌曲。现在,中国的流行音乐发展迅速,成为世界流行音乐中一支不可低估的生力军。我国香港和台湾的流行音乐发展非常迅速,基本和国际流行趋势同步,尤其是香港,因为当局不干扰音乐的创作,出现了许多著名的歌手和歌曲,不仅风靡内地,而且受到日本、韩国等地歌迷的崇拜。

近年来,中国的内地、台湾、香港地区以及全球其他地区的华人流行音乐不断交流,开始出现互相融合、汇聚的趋势,因此开始出现"全球华语流行音乐"的总体称谓。一个突出的表现:中国大陆作为全球最大的消费市场之一,港台、海外各大流行音乐榜单的发布和编制越来越多地开始关注大陆市场,其代表性人物有张学友、刘德华、王力宏、周杰伦等。值得注意的是,在流行音乐中,有着一种民谣性质的音乐,它们的典型代表

刘德华

是校园民谣、都市民谣、军营民谣，这些民谣音乐在流行音乐中亦占有一席之地，曾经都有过其辉煌的岁月，民谣淳朴的曲调、通俗的歌词同样感动了很多人。

中国改革开放之后，西方现代音乐通过各种途径传入中国内地。音乐青年或多或少地接触到摇滚音乐，并开始组建乐队，进行模仿与创作。

中国内地的摇滚音乐第一次登上舞台应该说是在1986年5月9日。当时在北京工人体育馆举行纪念"1986国际和平年"的中国百名歌星演唱会，名不见经传的崔健身着长褂，背着吉他，裤脚一高一低地蹦上了舞台，在台下观众目瞪口呆之际吼出了"我曾经问个不休/你何时跟我走……"，即那首中国摇滚作品的开山之作《一无所有》。随后，崔健便被称作中国摇滚第一人。

20世纪80年代末和90年代初，中国内地摇滚乐坛陆续出现了如唐朝、黑豹、轮回、超载、指南针、北京1989等乐队，而港台的beyond乐队更是将中国的原创音乐注入了新的血液。到了1994年，香港红磡体育馆举行的"中国摇滚乐势力"演唱会，成为中国内地摇滚史上最富激情的一幕，当时被称为魔岩三杰的窦唯、张楚和何勇，以及唐朝乐队将中国摇滚乐推

向了一个顶峰。随后的中国摇滚乐呈现了非常大的分化趋势，各种乐风依次登场，如走向流行的郑钧、许巍和零点乐队等；走低保真的朋克乐队盘古；花样倍出的苍蝇、左小祖咒和王磊；电子乐与说唱乐逐渐流行，以及各种乐风之间的相互影响、相互融合。老牌的乐队解散、主要成员单飞，如窦唯离开黑豹乐队后，组建过做梦乐队，又和许多乐队即兴演出合作唱片，以及新乐队出现，如花儿乐队（现已解散）、新裤子、走英式路线的麦田守望者和清醒等。这之中一些流派是值得关注的，以北京的子曰（现已更名"爻释·子曰"）和东北的二手玫瑰为代表的民俗摇滚正受到越来越多的关注。众多唱片公司，如摩登天空、京文唱片，以及娱乐公司在推出新乐手和乐队、举办演唱会中，也做出了很多尝试和贡献。

西方音乐

西方音乐史是指西方音乐的发展历程，详细的时代可分为：古希腊罗马时期的音乐、中世纪时期的音乐、文艺复兴时期的音乐、巴洛克音乐、古典主义音乐、浪漫音乐、现代音乐和新世纪音乐等。

西洋音乐主要指欧洲的音乐，由于欧洲历史上统治阶层比较重视音乐，因此许多音乐家都得到资助和保护，发展出比较完善的音乐理论。目前，西方的音乐理论在全世界的音乐界占有主导地位，欧洲音乐界发展的记谱法和作曲的程式得到世界的公认。

西方音乐可分为以下 8 个阶段：

古希腊罗马时期的音乐，时间约为公元前 3200—400 年。这部分的音乐资料只能从考古而来，从发掘出的绘画、雕塑及少量流传下来的诗歌文学与哲学著作可以进行了解，但几乎是不可能聆听与欣赏。有资料统计，这一阶段残存下来的乐谱还不到 10 件，但是从残存下来的雕塑等诸多文化遗产可以看出曾经存在的辉煌与成就。古希腊的大哲学家都曾对音乐进

科学 第一视野 | KEXUE DIYI SHIYE

■图与文

西方音乐以七弦琴作为音乐的标志乐徽。七弦琴，又名里拉琴，最初由龟弦制成，由手指拨片拨弦发声，在发展过程中有很多变化的样式，其中最重要的是基萨拉琴。基萨拉琴属于里拉族乐器，由里拉发展而来，有5弦到11弦甚至更多不等，常为7弦，也称七弦琴。基萨拉琴形状较大，声音也比一般里拉嘹亮，往往做工讲究、装饰精致，由于演奏技巧比较复杂艰深，常为专业演奏者采用。而普通里拉琴声音比较轻柔，往往用于歌唱伴奏和诗歌吟唱，多为业余专业家喜用。

行过讨论与研究，这被后人视为西方音乐之源。

在公元前12—前8世纪荷马时期的两部史诗反映了古希腊的音乐文化。史诗本身既是文学作品又是音乐作品，它由职业弹唱艺人"阿埃德"用一种叫基萨拉的乐器伴奏吟唱。

公元前776年，古代奥林匹克运动会开始举行，在比赛时常伴有音乐，后来产生了音乐比赛。

公元前7—前6世纪，斯巴达把音乐作为国事活动与教育的重要手段，使音乐得到了进一步的发展。

公元前146年后，古罗马征服希腊后，它的文化主要受益于希腊，同时又吸收了叙利亚、巴比伦、埃及等国的文明成果。

中世纪时期的音乐。公元476年罗马帝国瓦解后，希腊、罗马文明渐趋衰微。日耳曼人统治欧洲西半部，历史上称为"黑暗时期"，也就是"中世纪时期"。

教会是当时人们的生活重心，具有政治、经济、文化的重要地位，艺术家在宗教中生存，因此当时艺术与宗教息息相关。

这时期的音乐活动受到基督教的影响很大，音乐多以宗教仪式或歌唱颂歌为主，以功能为重，例如格雷果圣歌，歌词多是采自圣经。特色是旋

律高低起伏变化小，缺乏和声基础，表现朴实。对中世纪音乐贡献最大的是米兰主教安布罗斯和教皇格里高利一世。

公元390年左右，安布罗斯推行对圣歌的双声合唱，引入和声，并准许非僧侣、教士的俗人参与演唱，使教会音乐得以发展和普及。

公元590—604年在位的教皇格里高利一世，编出一套用于庄严礼拜的曲目，并用法律形式规定在祈祷仪式中必须有音乐，形成一整套格里高利圣咏，成为宗教创作的典范，后来又发展出记谱法。虽然尚没有小节线和五线谱，但使用高低位置记谱的方法为五线谱的发明提供了基础，这种记谱法只有四行线，每行前面有3个菱形谱号，结尾有一个菱形谱号提示下一行音高，基本是五线谱的雏形，但不能表示节奏。还成立了培养歌手的学校，在教会势力范围内大力推行音乐，使教会音乐在10世纪以前成为欧洲的主要音乐形式。

文艺复兴时期的音乐。文艺复兴时期约为公元1450—1600年，在中世纪"新艺术"的基础上，更加追求人性的解放与对人的内心情感的抒发与表达。这时的音乐家在人文主义思潮的推动下，对复调音乐进行了发展和变革，声乐与器乐逐渐分离而独立发展。这一时期五线谱已得到完善，印刷术也运用到曲谱上，这都使音乐的传播更加便利和广泛。这一时期有以下几个较有影响力的乐派：

尼德兰乐派是主要音乐活动在尼德兰的一批音乐家。创作内容多为弥散曲与经文歌等宗教音乐，也有世俗音乐。代表人物有迪费、若斯坎、汴舒阿、奥凯格姆等。

威尼斯乐派是在公元1530—1620年间的一个器乐乐派，其特点是音响气势宽广宏大、对比效果鲜明。创作内容有铜管乐与弦乐的重奏曲、管风琴的前奏曲、幻想曲与托卡塔等。代表人物有维拉特、A·加布里埃利等。

罗马乐派是一个专门创作服务于宗教作品的乐派，以无伴奏合唱的形式为主。代表人物有帕莱斯特里纳、G·M·纳尼诺、F·索里亚诺等。

巴洛克音乐指欧洲在文艺复兴之后开始兴起，且在古典主义音乐形成之前所流行的音乐类型，延续时间大约从1600年到1750年之间的150年。

科学第一视野 | KEXUE DIYI SHIYE

巴洛克一词来源于葡萄牙语"Barocco",意指形态不够圆或不完美的珍珠,最初是建筑领域的术语,后逐渐用于艺术和音乐领域。在艺术领域方面,巴洛克风格的特征是精致细腻的装饰以及华丽的风格,造成这种现象的主因,是巴洛克时期是贵族掌权的时代,富丽堂皇的宫廷里奢华的排场正是新的文化以及艺术的发展中心,而这个大环境的改变也直接影响到了音乐家的创作。17—18世纪宫廷乐师所写的音乐作品,绝大部分是为上流社会的社交所需而作,为了炫耀贵族的权势以及财富,当时的宫廷音乐必定得呈现出炫耀的音乐以及不凡的气度,以营造愉悦的气氛。

巴洛克音乐的特点是极尽奢华,加入大量装饰性的音符,节奏强烈、短促而律动,旋律精致。复调音乐(复音音乐)仍然占据主导地位,大小调取代了教会调式,同时主调音乐也在蓬勃发展。于是,复调的和声性越来越明显。复调在J·S·巴赫时代发展到了极致。

海 顿

数字低音及即兴创作是巴洛克的重要部分,并且管弦乐团编制尚未标准化。

古典主义音乐指的是1730—1820年这一段时间的欧洲主流音乐,又称维也纳古典乐派。此乐派3位最著名的作曲家是海顿、莫扎特和贝多芬。

古典主义音乐承继着巴洛克音乐的发展,是欧洲音乐史上的一种音乐风格或者一个时代。这个时代出现了多乐章的交响曲、独奏协奏曲、弦乐四重奏、多乐章奏鸣曲等体裁。而奏鸣曲式和轮旋曲式成为古典时期和浪漫时期最常见的曲式,影响之深远直至20世纪。乐团编制比巴洛克时期增大,乐团由指挥带领逐渐变成一种常规。现代钢琴在古典时期出现,逐渐取代了大键琴的地位。

随着法国大革命对社会造成的冲击,作曲家的生计也受到影响,由

最初依赖宫廷、教会供养转变为独立的经营者。

浪漫音乐。浪漫主义主要用于描述1830—1850年间的文学创作,以及1830—1900年间的音乐创作。浪漫主义音乐是古典主义音乐(维也纳古典乐派)的延续和发展,是西方音乐史上的一种音乐风格或者一个时代。

■图与文

贝多芬是古典主义音乐的集大成者和终结者,也是浪漫主义音乐的先行者。浪漫主义音乐抛弃了古典音乐的以旋律为主的统一性,强调多样性,发展和声的作用,对人物性格的特殊品质进行刻画,更多地运用转调手法和半音。浪漫主义歌剧的代表是韦伯,音乐的代表是舒伯特。

浪漫主义音乐比起之前的维也纳古典乐派的音乐,更注重感情和形象的表现,相对来说看轻形式和结构方面的考虑。浪漫主义音乐往往富于想象力,相当多的浪漫主义音乐受到非现实的文学作品的影响,而有相当大的标题音乐成分。浪漫主义的因素,则包含在从古至今的音乐创作中,而不仅仅局限于某一个时代,因为音乐创作本身就是想象力的一种表现,而浪漫主义恰恰是想象力的最佳体现。

浪漫主义音乐体现了影响广泛和民族分化的倾向,在法国出现了柏辽兹、意大利的罗西尼、匈牙利的李斯特、波兰的肖邦和俄罗斯的柴

舒伯特

可夫斯基。浪漫主义音乐在瓦格纳和布拉姆斯时代逐渐走入历史。

现代音乐，也称现代古典主义音乐，是指自1900年起至今，继承欧洲古典音乐而来的一个音乐纪元，音乐门派繁多，风格多样。在此之前，现代音乐有两大源流：古斯塔夫·马勒与理察·施特劳斯的后浪漫乐派和德布西的印象乐派。其分派下音乐种类更是繁多，包括了如布列兹的序列音乐、极简音乐，Steve Reich 和 Philip Glass 使用简单三音和弦，Pierre Schaeffer 的具体音乐，Harry Partch、Alois Hába 和其他人的微分音音乐，还有约翰·凯吉的机率音乐。

在现代音乐之前，作为前继者的欧洲古典音乐家，如巴托克·贝拉、马勒、理查·斯特劳斯、浦契尼、德布西、艾伍士、艾尔加、荀白克、拉赫玛尼诺夫、普罗高菲夫、史特拉文斯基、肖斯塔科维奇、布瑞顿、柯普兰、尼尔森等人。当时古典音乐也和爵士乐相互影响，有音乐家能同时在两个领域作曲者，如盖希文及伯恩斯坦。

现代音乐一个极重要的特点是开始有所谓传统及前卫的分别，它们的音乐原则在一方占极

匈牙利的李斯特

波兰的肖邦

其重要性者,在另一方往往不是那么重要或不被接受。例如魏本、卡特、瓦瑞斯、米尔顿·巴比特等人对前卫领域有重要贡献,但是在此领域外就常常被攻击。随着时间的推移,前卫的概念已经逐渐被接受,两个领域彼此之间的分野不再那么壁垒分明,并且出人意料的是,这些开拓性的技巧常常被流行音乐所引用。Beatles、平克·佛洛伊德、迈克欧·菲尔德、超脱乐团、电台司令等耳熟能详的歌星,还有许多电影使用的配乐。

俄罗斯的柴科夫斯基

必须注意的是,文中所提到的音乐家在一个方面做出贡献,并不代表他只在该领域发挥作用。例如史特拉汶斯基在他作曲家生涯的不同时期,他同时被认为是浪漫乐派、现代乐派、新古典主义,以及序列音乐的成员。

20世纪的经济和社会形态对音乐也有重大的影响,世界在工业化时代有了逐渐进步的录音和回放设备,从录音带到CD到DVD,有了广播和电视,以及整个资本主义脉络的内嵌。19世纪的人大多自己创作音乐,或者在音乐会上听到音乐。

新世纪音乐又译作新纪元音乐,是在20世纪70年代出现的一种音乐形式,最早用于帮助冥思及洁净心灵,但许多后期的创作者已不再抱有这种出发点了。另一种说法是:由于其丰富多彩、富于变换,不同于以前任何一种音乐;它并非单指一个类别,而是一个范畴,一切不同于以往,象征时代更替诠释精神内涵的改良音乐都可归于此类,所以被命名为New Age,即新世纪音乐。

胎教音乐

美国《胎儿都是天才》中的 4 个智商超过 160 的胎教儿的胎教时间都是超过 10 小时；杭州的一个胎教儿也是怀孕时贴着肚子听录音（从早上 8 点听到晚上 9 点），2010 年考进杭州外国语学校，成绩依然遥遥领先。

凤凰网介绍的余峻承被朗朗称为"小莫扎特"，在胎儿期就听了大量的贝多芬交响乐，其辨认音阶就如同颜色一样容易，具有超强的学习能力，8 岁学习 14 岁的课程，个性开朗，爱交朋友。

还有 2009 年开始，零岁天才 10 多个超级 QQ 群共 5 000 多个孕妇中有不少都明显地增加了胎教时间，胎儿期只要一放音乐胎儿就会安静下来，出生没有多久就会提醒大小便，听力和理解力极好，很早就会与人沟通互动，有的不到 3 个月就会讲话，1 岁就学会加减乘除，大部分胎教儿都具有惊人的学习能力。

怀孕 4 个月以后胎儿就有了听力，尤其是 6 个月后，胎儿的听力几乎和成人接近，就可以选择胎教音乐，置于腹部或放在距母亲 1～1.5 米的地方，给母子同听。这样，音韵可以直接刺激胎儿的听觉器官，通过传入神经、传入大脑，促进大脑的发育。

胎儿在听力、视

■图与文

孕妇在听音乐时，实际上胎儿也在"欣赏"。因为胎儿的身心正处于迅速发育的生长时期，多听音乐对胎儿右脑的艺术细胞发育是有利的。比婴幼儿更早地接受音乐教育，更早地开发和利用右脑有利于孩子的成长。出生后，继续在音乐气氛中学习和生活，会对孩子的智力和接受程度带来更大的益处。

力、皮肤感觉力等能力发育之时，记忆力会同时出现快速发展的趋势，因为6种感官能力的发展都依赖于记忆力的发育，同时也会反过来促进记忆力的更快发展。如母亲的声音，胎儿多次听到后就会在脑中留下印象，这就是记忆的开始。

有了记忆，下一次再听到母亲的声音时，胎儿就会有熟悉感，这会加深他的记忆，促使他对母亲的声音做出欢迎的、高兴的反应，这样他就建立起了"感觉—记忆—反应"这一机制，经常刺激这一机制，胎儿的大脑活动能力必然会增强，日后智力就会超过一般人。

胎教音乐要具有科学性、知识性和艺术性。不要违背孕妇和胎儿的生理、心理特点，也不要刻板地灌输正规理论，要在寓教于乐的环境中达到胎教的目的。不要选择那些声音嘈杂、节奏太快的音乐，它们既不适合你冥想，消除焦虑的情绪，也不受胎宝宝的欢迎；你可以选择那些安静悠扬、有利于遐想的曲目。

音乐胎教要使用安全有效的播放设备。由于胎儿的耳蜗发育不完全，某些对于成年人无害的声音也可能伤害到胎儿幼小的耳朵。现有的研究结果一致认为，给胎儿听的音乐强度最好不要超过60分贝，频率不要超过2 000Hz。普通的CD播放器、音箱等播放设备都不能控制播放出的音量音频大小，所以以往孕妇们打开大功率音箱或者将耳机放在腹部对胎儿进行音乐的胎教方式，不仅不科学，还可能伤害到胎儿。

美国科研人员发明的最先进的胎教设备（中文名称天才宝宝胎教系统）完美地解决了这一问题。它使用具有专利

不科学的胎教方式

技术的音量音频控制系统，将胎儿听到的音乐和母亲听到的音乐分别输出，

传递到子宫内的声音精确控制在小于60分贝、低于2 000Hz的安全范围内。该设备不仅能播放胎教音乐，同时还具有特殊的3D结构，能够减轻孕妇脊柱和腹部的压力。

胎教音乐的方法多种多样。由于人们文化水平、禀赋素质、欣赏水平、生活环境等不可能都一样，有的孕妇喜爱音乐，有的则对音乐不感兴趣，因此也就不能对所有孕妇都统统使用固定的曲子。但我们坚信，绝对不喜欢音乐或根本没有音乐细胞的人很少，只不过是没有尝到音乐有益于身心健康的甜头。施以胎教音乐时，不一定拘于一种方式与形式，常可供孕妇采用的音乐胎教方法有如下几种：

母唱胎听法。孕妇低声哼唱自己所喜爱的有益于自己及胎儿身心健康的歌曲，感染胎儿。在哼唱时要凝神于腹内的胎儿，其目的是唱给胎儿听，使自己在抒发情感与内心寄托的同时，让胎儿能享受到美妙的音乐。这是不可忽视的一种良好的音乐胎教方式，适宜于每一个孕妇采用。

母教胎唱法。当孕妇选好了一支曲子后，自己唱一句，随即凝思胎儿在自己的腹内学唱。尽管胎儿不具备歌唱的能力，只是通过充分发挥孕妇的想象力，利用"感通"途径，使胎儿得以早期教育。该方法由于更加充分利用了母胎之间的"感通"途径，其教育效果是比较好的。

器物灌输法。利用器物灌输法进行音乐胎教，可准备一架微型扩音器，将扬声器放置于孕妇的腹部，当乐声响时不断轻轻地移动扬声器，将优美的乐曲通过母腹的隔层，源源不断地灌输给胎儿。在使用中需要注意，扬声器在腹部移动时要轻柔缓慢，但播放时间不宜过长，以免胎儿过于疲乏。一般每次以5~10分钟为宜。

音乐熏陶法。该方法主要适宜爱好音乐并善于欣赏音乐的孕妇采用。有音乐修养的人，一听到音乐就进入了音乐的世界，情绪和情感都变得愉快、宁静和轻松。孕妇每天欣赏几支音乐名曲，听几段轻音乐，在欣赏与倾听当中借曲移情，浮想联翩，寄希望于胎儿，时而沉浸于一江春水的妙境，时而徜徉于芭蕉绿雨的幽谷，好似生活在美妙无比的仙境，遐思悠悠，当然就可以收到很好的胎教效果。

声音与音乐

适宜孕妇采用的音乐胎教方法还有许多,每一位孕妇可以根据自己的具体情况而采取相应的胎教音乐法。

早教音乐

通常人们会认为音乐早教就是学习乐器,但是一些传统的乐器学习肯定不适合1岁以下的宝宝,这时就需要找到既能够尊重天性,同时又能让宝宝快乐地学习、享受音乐乐趣的方法。通过这些让宝宝爱上音乐,潜移默化中激发出多方面的潜能,这就是所谓的"音乐早教"。

音乐和声音相比具有不可替代性。人生来就能够辨别音符、音标和旋律,经常受熏陶的话这种能力会更加敏锐,不用则会废退。但普通声音中并不包含任何音乐元素,所以从一出生就"听音乐"对宝宝来说意义重大。音乐除了艺术上的价值之外,还有各种神奇的效用,特别是对于早期教育起到积极的促进作用。

音乐对于宝宝,尤其是新生儿,能够起到平抚情绪的作用;音乐无国界,音乐能帮助传递情感,促进亲子关系的建立;打鼓、拍手或演奏乐器能锻炼大肌肉以及对动作的控制,同时还能培养协调能力,这些能力对于今后的体育运动都大有好处;

■图与文

优秀的早教音乐不仅可以陶冶情操、安抚情绪、培养音乐天赋,还可以通过听觉器官传入大脑,激活孩子的大脑,促进发育,激发各种智慧潜能,还能刺激人体分泌一些有益于健康的激素,促进儿童的身心健康。

学习音乐能够帮助提升听觉记忆达20%，良好的听觉记忆能够帮助提高日后课堂学习的效果：同样是听一遍，记得比别人多，重复性就少，学习效率自然就高；科学家已经通过尝试音乐来代替药物，对患有多动症的孩子进行非药物性的治疗。

　　世界上的音乐多如牛毛，但不是所有的音乐都可以作早教音乐发挥以上的作用，所以选择正确的音乐，是极其重要的。其中最好的早教音乐莫过于α脑波音乐，α脑波音乐是一种灵感音乐，产生于欧州文艺复兴时期。音乐大师把宇宙中的所有信息、自然界中的所有信息、生命体的所有信息全部融合在一起形成了α脑波音乐。如果从小开始让宝宝接触α脑波音乐，并一直坚持下去，可以挖掘和启发儿童的多种智力和各项潜能，是开启人类智慧大门的金钥匙。常听α脑波音乐，宝宝不哭闹、睡得香、胃口好；懂事早、学话早、性格好、情商高；智力发育好，开发孩子记忆力、专注力、创新思维能力等九大能力。

　　因为人脑的绝大部分潜能存在于右脑中，右脑活动时的脑波呈α波状态。孩子长期听α脑波音乐，大脑脑波就会保持在α波活动状态。深埋在右脑中的潜能就会被源源不断地引发出来，脑内神经递质内腓肽增多，这时人就会充满旺盛的精力：做事情就会处于高度的专注状态；想问题时思维敏捷，思路开阔；记忆东西，过目不忘，轻松自然地就记住了；脑波处于α波的人就会有无穷的想象力和超出寻常的创造力，大脑反应速度加快，阅读水平提高，因而学习能力大大提高；全身放松，心态平和，脑波平稳，睡眠质量提高；脑波处于α波时，大脑内饱食中枢神经活跃，血液循环畅通，促进人体内消化系统的改善，促进食欲改善；长期处于α脑波状态的人，容易与人和睦相处，容易理解他人的喜怒哀乐，因而情商在不知不觉中得到了提升。

　　0~3岁是孩子运动力、观察力、语言表达、音乐音感、人际关系等基本能力的建立时期，这些能力就像巨大的宝藏等待着父母帮助孩子去挖掘。

声音与音乐

音乐疗法

音乐疗法是通过生理和心理两个方面的途径来治疗疾病。一方面，音乐声波的频率和声压会引起生理上的反应。音乐的频率、节奏和有规律的声波振动，是一种物理能量，而适度的物理能量会引起人体组织细胞发生和谐共振现象，能使颅腔、胸腔或某一个组织产生共振，这种声波引起的共振现象，会直接影响人的脑电波、心率、呼吸节奏等。

科学家认为，当人处在优美悦耳的音乐环境之中，可以改善神经系统、心血管系统、内分泌系统和消化系统的功能，促使人体分泌一种有利于身体健康的活性物质，可以调节体内血管的流量和神经传导。另一方面，音乐声波的频率和声压会引起心理上的反应。良性的音乐能提高大脑皮层的兴奋性，可以改善人们的情绪，激发人们的感情，振奋人们的精神，同时有助于消除心理、社会因素所造成的紧张、焦虑、忧郁、恐怖等不良心理状态，提高应激能力。

从20世纪80年代开始，在精神病学方面也进行了音乐对精神病康复的探索和临床研究。概括起来，在起初阶段大多采用单纯聆听的形式，称为"被动聆听"或"被动感受"；后来发展到既聆听又有主动参与，如包括简单乐器

▉ 图与文

音乐疗法或称"心理音乐疗法"，自20世纪40年代起，人们已逐渐将音乐作为一种医疗手段，在某些疾病的康复中起到一定的效果，如降低血压、减轻疼痛及消除紧张等。

操作训练，还有选择地按音乐知识学习、乐曲赏析、演唱歌曲、音乐游戏、音乐舞蹈等而形成综合性音乐活动。由于形式各异及工作深度不同，因而认识也有所差异，但仍较普遍地认为这种综合性安排的效果较好于单听音乐。

音乐疗法的对象多数针对具有淡漠、退缩及思维贫乏等阴性症状者，据称有较好效果，也有少数试行于抑郁症、神经官能症与心身疾病患者。音乐疗法的疗程一般定为1～2个月，也有以3个月为一疗程，每周5～6次，每次1～2小时。在具体实施时，如何选择音乐或歌曲是一个亟待进一步解决的问题，原则上应适合患者的心理（尤其情绪方面）、更要适合患者的病情；然后编制设计、规定出一系列适用的音乐处方，故宜深入这方面的研究讨论，以促成相对统一的定式化、规范化。至于音乐治疗的作用机制，目前尚未明了，一般认为对精神病的阴性症状效果较好，也有报道认为作用不持久。

体感振动音乐治疗由体感音乐、治疗方案和体感音响设备3方面组成。体感音乐是一类特殊制作的、富含低频、以正弦波为主的治疗性乐曲。治疗目的不同，体感音乐乐曲有所差别。治疗方案是在临床研究的基础上确定的，内容包括治疗对象身心状态评估、体感音乐的选择和确定音量、振动强度和治疗时间及疗程等。体感音响设备主要包括：音源和分频—放大—换能装置，其主要形式为床、床垫、台、椅和沙发等。其效用是使人在聆听音乐的同时，身体也能感受到音乐声波振动。体感音响设备不同，音乐声波频率范围和振动强度有所差异。

音乐体感振动治疗的原理。人类对于声音的感受源于振动。一般情况下，音乐是通过增幅器放大信号后从扬声器发出，再经过空气振动而到达人的耳膜的。通常人类可以听到的音乐低音部分一般为50～150Hz。低于10Hz的振动一般伴随着自然灾害发生，如地震、海啸、山崩、火山爆发等振动，均为含有巨大能量的3～6Hz的低频波。自然界的有些动物可以感知，但人类已失去这种能力。人类通过身体可以感受到的音乐振动称为"音乐体感振动"，其最大范围为16～20 000Hz。20～50Hz的低频部分使人的重低音感大大增强，伴随着振动感和冲击感给人以极其强烈的临场

感,同时 20～50Hz 的频率范围最能给人以心理和生理愉悦的快感和陶醉感,因为音乐的低音部分(贝司)是比较单调的重复,给人以安全舒适感,这种感觉是存在于人的潜意识中。人类心跳的频率近乎于 $1/f_2$ 的振动。胎儿在感受着母亲心律振动的情况下生长发育,这种安宁和健康母亲的体感振动使婴幼儿感到安全舒适,这种体感振动的记忆伴随着婴儿的出生和成长而渐渐淡化,但它将永远遗留在潜意识中。当婴幼儿哭闹的时候,一旦被母亲抱起来,母亲的体感振动会使婴幼儿感到安全舒适,立刻平静下来。同样,当成人焦虑不安或抑郁时,这种音乐体感振动也会使人感到安宁。

高频音乐疗法是根据法国著名音乐学家阿尔弗雷德·托马提斯的理论制作而成,适用于两岁以上所有人群,是一款系统的科学的音乐调理治疗产品。托马提斯于 1920 年 1 月 1 日出生于法国,后在巴黎成为耳鼻喉专家。第二次世界大战期间,他开始学习有关声音的调理治疗方法。1951 年,他获得了法国健康骑士勋章,1958 年荣获了"科学试验"金奖。2001 年圣诞节时不幸去世。

托马提斯的三定律:

第一定律:如果我们的耳朵不能听到一定的频率,那就意味着我们也不能发出这一频率的声音。

第二定律:如果改变我们听到的声音,那么我们发出的声音也会被改变(他的试验:发现如果只能让歌手听到一定的频率,那么他们的声音马上就被破坏,被挡住的频率马上就在歌手的声音中消失了。根据这一发现,他得出了第二定律)。

第三定律:要想帮助那些失聪或者变聋的人,首先要锻炼他们耳内的肌肉。

另外,他还发现了一个有趣的现象,

法国音乐学家托马提斯

一些专业的歌手得了职业性耳聋，随之而来的是他们失去了原有的声音，他们变聋的原因是他们唱的声音太大，更准确地说，他们变聋的音频区域是在2 000Hz左右。正如第一定律所揭示的那样，他们所失去的声音也在这个区域。

托马提斯发现专业歌手逐步变聋的原因是他们长期处在吵闹的环境中，他们耳中的肌肉变得越来越松弛，所以大声的音乐再也不能进入到内耳部分，也就是说，我们要想帮助那些失聪或者变聋的人，首先要锻炼耳内的肌肉。这就是他的第三条定律的由来。我们都知道怎么使身体肌肉变结实发达，那就是不断地锻炼，但如何锻炼身体上最小的耳肌呢？经过许多次试验之后，托马提斯发现通过让使用者听一些一会开一会关的音乐，就可以达到锻炼耳肌由松弛到健壮的目的。之后，他又发现更好锻炼耳肌的方法就是通过让使用者戴上耳机，让左右耳分别接收不同的频率。在这个过程中，双耳的整个通道会被打开，这就形成了一个有似"门"的科学原理。

经美国试验证明，高频音乐疗法主要可以针对自闭症、多动症、阅读困难症和抑郁症有疗效。近年来，抑郁症已逐渐被广大国民所熟知，其危害也是有目共睹的。我国有近3 000万抑郁症患者，每年因抑郁症自杀、自杀未遂、犯罪的人数远远超过年交通事故造成的伤亡人数，经济损失近700亿人民币，而且这些数字还在上升。更可怕的是，这种疾病正在向高学历、高智商人群蔓延。

由于抑郁症的致病因素过于复杂，时至今日各国科学家依然没有得出一个满意的结论。但科学家们发现饮食、身体疲劳和神经刺激，尤其是视觉和听觉方面的刺激是几乎所有抑郁症患者最大的共同点，因此我们集中了极大的人力、物力开发出了"高频音乐疗法"。

高频音乐疗法通过空气震荡刺激耳部听觉系统以及直接通过人体骨骼传导，两种方式刺激大脑，虽然不能在短时间内使患者痊愈，但却能大大改善使用者的精神状态和生活质量。当然，由于患病时间、程度和每个患者自身的不同，调理结果也是不尽相同的。但是，按照说明坚持使用一段时间后，您就会发现高频音乐疗法的效果是多么显著了。

第五章
中外乐器大观

读到这里，你终于可以欣赏一下古今中外各种乐器的"歌声"了！这里有乐器之王——钢琴，还有乐器之母——小提琴；有列入第一批国家级非物质文化遗产名录的唢呐艺术，还有已成为世界艺术宝库中的稀世珍品的唐代紫檀槽琵琶；有蒙古包里拉起的马头琴，还有世界最小的二胡。用心聆听它们的独特声音吧！

中国民族民间乐器

■ 图与文

周代，中国已有根据乐器的不同制作材料进行分类的方法，分成金、石、丝、竹、匏、土、革、木 8 类，叫做"八音"。在周末至清初的 3 000 多年中，中国一直沿用"八音"分类法。

金类：主要是钟，钟盛行于青铜时代。钟在古代不仅是乐器，还是地位和权力象征的礼器。王公贵族在朝聘、祭祀等各种仪典、宴飨与日常宴乐中，广泛使用钟乐。敲击钟的正鼓部和侧鼓部可发出两个频率音，这两个音一般为大小三度音程。另外还有磬、錞于、勾鑃，基本上都是钟的变形。

石类：各种磬，质料主要是石灰石，其次是青石和玉石，均上作倨句形，下作微弧形，大小厚薄各异。磬架用铜铸成，呈单面双层结构，横梁为圆管状。立柱和底座作怪兽状，龙头、鹤颈、鸟身、鳖足。造型奇特，制作精美而牢固。磬分上下两层悬挂，每层又分为两组，一组为 6 件，以四、五度关系排列；一组为 10 件，相邻两磬为二、三、四度关系。它们是按不同的律（调）组合的。

丝类：各种弦乐器，因为古时候的弦都是用丝作的。有琴、瑟、筑、琵琶、胡琴、箜篌等。

竹类：竹制吹奏乐器，笛、箫、篪、排箫、管子等。

匏类：匏是葫芦类的植物果实，用匏作的乐器主要是笙。

土类：就是陶制乐器，埙、陶笛、陶鼓等。

革类：主要是各种鼓，以悬鼓和建鼓为主。

木类：现在已经很少见了，有各种木鼓、敔、柷。敔是古代的打击乐器，形制呈伏虎状，虎背上有锯齿形薄木板，用一端劈成数根茎的竹筒，逆刮其锯齿发音，作乐曲的终结，用于历代宫廷雅乐。柷是古代的打击乐器，形如方形木箱，上宽下窄，用椎（木棒）撞其内壁发声，表示乐曲即将起始，用于历代宫廷的雅乐。

中国吹奏乐器的发音体大多为竹制或木制。根据其起振方法不同，可分为三类：第一类，以气流吹入吹口激起管内空气柱振动的有箫、笛（曲笛和梆笛）、口笛等；第二类，气流通过哨片吹入使管内空气柱振动的有唢呐、海笛、管子、双管和喉管等；第三类，气流通过簧片引起管内空气柱振动的有笙、抱笙、排笙、巴乌等。

由于发音原理不同，所以乐器的种类和音色极为丰富多彩、个性极强，并且由于各种乐器的演奏技巧不同，以及地区、民族、时代和演奏者的不同，使民族器乐中的吹奏乐器在长期发展过程中形成极其丰富的演奏技巧，具有独特的演奏风格与流派。

典型乐器：笙、芦笙、排笙、葫芦丝、笛、管子、巴乌、埙、唢呐、箫。

全部乐器：木叶、纸片、竹膜管（侗族）、田螺笛（壮族）、招军（汉族）、吐良（景颇族）、斯布斯额（哈萨克族）、口笛（汉族）、树皮拉管（苗族）、竹号（怒族）、箫（汉族）、尺八、鼻箫（高山族）、笛（汉族）、排笛（汉族）、侗笛（侗族）、竹筒哨（汉族）、排箫（汉族）、篪（汉族）、埙（汉族）、

排　箫

125

贝（藏族）、展尖（苗族）、姊妹箫（苗族）、冬冬奎（土家族）、苹达（黎族）、唢呐（汉族）、管（汉族）、双管（汉族）、喉管（汉族）、芒筒（苗族）、笙（汉族）、芦笙（苗、瑶、侗族）、确索（哈尼族）、巴乌（哈尼族）、口哨（鄂伦春族）。

中国的弹拨乐器分横式与竖式两类。横式，如筝（古筝和转调筝）、古琴、扬琴和独弦琴等；竖式，如琵琶、阮、月琴、三弦、柳琴、冬不拉和扎木聂等。

弹奏乐器音色明亮、清脆。右手有戴假指甲与拨子两种弹奏方法。右手技巧得到较充分发挥，如弹、挑、滚、轮、勾、抹、扣、划、拂、分、摭、拍、提、摘等。右手技巧的丰富，又促进了左手的按、吟、撇、煞、绞、推、挽、伏、纵、起等技巧的发展。弹奏乐器除独弦琴外，大都节奏性强，但余音短促，须以滚奏或轮奏长音。弹拨乐器一般力度变化不大。在乐队中，除古琴音量较弱，其他乐器声音穿透力均较强。弹拨乐器除独弦琴外，多以码（或称柱）划分音高，竖式用相、品划分音高，分为无相、无品两种。除按五声音阶排列的普通筝等外，一般都便于转调。

弹布尔

各类弹奏乐器演奏泛音有很好的效果。除独弦琴外，皆可演奏双音、和弦、琶音和音程跳跃。中国弹奏乐器的演奏流派风格繁多，演奏技巧的名称和符号也不尽一致。

典型乐器：琵琶、筝、扬琴、七弦琴（古琴）、热瓦普、冬不拉、阮、柳琴、三弦、月琴、弹布尔。

全部乐器：金属口弦（苗族）（柯尔克孜族）、竹制口弦（彝族）、乐弓（高山族）、琵琶（汉族）、阮（汉族）、月琴（汉族）、秦琴（汉族）、柳琴（汉族）、三弦（汉族）、热瓦甫（维吾尔族）、冬不拉（哈萨克族）、扎木聂（藏族）、筝（汉族）、古琴（汉族）、伽耶琴（朝鲜族）、竖箜篌、雁柱箜篌。

中国民族打击乐器品种多，技巧丰富，具有鲜明的民族风格。根据其发音不同可分为：响铜，如大锣、小锣、云锣、大、小钹、碰铃等；响木，如板、梆子、木鱼等；皮革，如大小鼓、板鼓、排鼓、象脚鼓等。

中国打击乐器不仅是节奏性乐器，而且每组打击乐器都能独立演奏，对衬托音乐内容、戏剧情节和加重音乐的表现力具有重要的作用。民族打击乐器在中国西洋管弦乐队中也常使用。民族打击乐可分为有固定音高和无固定音高的两种。无固定音高的如大、小鼓，大、小锣，大、小钹，板、梆、铃等；有固定音高的如定音缸鼓、排鼓、云锣等。

竖箜篌

典型乐器：堂鼓（大鼓）、碰铃、缸鼓、定音缸鼓、铜鼓、朝鲜族长鼓、大锣、小锣、小鼓、排鼓、达卜（手鼓）、大钹。

全部乐器：梆子（汉族）、杵（高山族）、叮咚（黎族）、梨花片（汉族）、腊敢（傣族）、编磬（汉族）、木鼓（佤族）、切克（基诺族）、钹（汉族）、锣（汉族）、云锣（汉族）、十面锣（汉族）、星（汉族）、碰钟、钟（汉族）、编钟（汉族）、连厢棍（汉族）、唤头（汉族）、惊闺（汉族）、板（汉族）、木鱼（汉族）、敔（汉族）、法铃（藏族）、腰铃（满族）、花盆鼓（汉族）、铜鼓（壮、仡佬、布依、侗、水、苗、瑶族）、象脚鼓（傣族）、纳格拉鼓（维吾尔族）、渔鼓（汉族）、塞吐（基诺族）、京堂鼓（汉族）、腰鼓（汉族）、长鼓（朝鲜族）、达卜（维吾尔族）、太平鼓（满族）、额（藏族）、拨浪鼓（汉族）、扬琴（汉族）、竹筒琴（瑶族）、萨巴依（维吾尔族）。

拉弦乐器主要指胡琴类乐器，其历史虽然比其他民族乐器较短，但由于发音优美，有极丰富的表现力，有很高的演奏技巧和艺术水平，拉弦乐器被广泛使用于独奏、重奏、合奏与伴奏。

拉弦乐器大多为两弦，少数用四弦，如四胡、革胡、艾捷克等。大多数琴筒蒙的蛇皮、蟒皮、羊皮等；少数用木板，如椰胡、板胡等。少数是扁形或扁圆形如马头琴、坠胡、板胡等，其音色有的优雅、柔和，有的清晰、明亮，有的刚劲、欢快，富于歌唱性。

典型乐器：二胡、板胡、革胡、马头琴、艾捷克、京胡、中胡、高胡。

全部乐器：乐锯（俄罗斯族）、拉线口弦（藏族）、二胡（汉族）、高胡（汉族）、京胡（汉族）、三胡（汉族）、四胡（汉族）、板胡（汉族）、坠琴（汉族）、坠胡（汉族）、奚琴（汉族）、椰胡（汉族）、擂琴（汉族）、二弦（汉族）、大筒（汉族）、马头琴（蒙古族）、马骨胡（壮族）、艾捷克（维吾尔族）、萨它尔（维吾尔族）、牛腿琴（侗族）、独弦琴（佤族）、雅筝（朝鲜族）、轧筝（汉族）。

西方乐器

弦乐器是指以弦振动为发音体的乐器的总称，依其发音方法，又可分细为3组乐器：

击弦乐器是用槌敲打弦而发声，如：钢琴（PIANO）。

拨弦乐器是透过拨弦产生振动而发声的，如竖琴（HARP），吉他（GUITAR）。

擦弦乐器又称弓奏乐器，透过弓摩擦弦而发声，如：小提琴（VIOLIN）、中提琴（VIOLA）、大提琴（VIOLONCELLO）、低音大提琴（DOUBLEBASS）。

木管乐器又称笛类乐器，靠着在管内制造出空气柱的振动来发音，经过改良金属或其他制材也可未必限于木制。依其构造上簧片数目的不同，又可分细为3组乐器：

无簧（唇簧）木管乐器，如：长笛（FLUTE）。

单簧木管乐器，如：单簧管（CLARINET）、萨克斯管（SAXOPHONE）。

声音与音乐

复簧木管乐器，如：双簧管（OBOE）、低音管（BASSOON）。

铜管乐器不用簧片，而以双唇振动空气发出声音的金属乐器。乐器是由吹口、音管与扬音管所构成，铜管乐器就是利用管子的长短及泛音的变化发出不同的音高，如：小号（TRUMPET）、短号（CORNET）、长号（TROMBONE）、法国号（FRENCHHORN）、低音号（TUBA）。

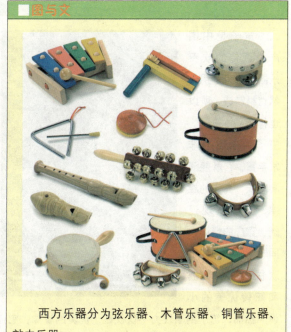

■图与文

西方乐器分为弦乐器、木管乐器、铜管乐器、敲击乐器。

敲击乐器泛指由演奏者直接敲打或摇动而发出声音的乐器总称。敲击乐器可分为两类：

有固定音高敲击乐器，如：定音鼓（TIMPANI）、木琴（XYLOPHONE）、铁琴（GLOCKENSPIEL）、管钟（TUBULARBELLS）。

无固定音高敲击乐器，如：大鼓（BASSDRUM）、小鼓（SNAREDRUM）、铃鼓（TAMBOURINE）、三角铁（TRIANGLE）。

笛　子

笛子又称横笛、"横吹"，应用高音谱号，不移调记谱。中国乐器中的笛身一般为竹制，兽骨、玉石、金属、有机玻璃等其他材质亦可制成笛子。

科学 第一视野 | KEXUE DIYI SHIYE

■ 图与文

笛子是中国广为流传的吹奏乐器，因为是用天然竹材制成，所以也称为"竹笛"。笛子的表现力非常丰富，它既能演奏悠长、高亢的旋律，又能表现辽阔、宽广的情调，同时也可以奏出欢快华丽的舞曲和婉转优美的小调。然而，笛子的表现力不仅仅在于优美的旋律，它还能表现大自然的各种声音，比如模仿各种鸟叫等。

笛膜是演奏时贴于膜孔处的一个小薄片，一般用嫩芦苇杆中的内膜制成，笛子属于木管乐器家族中的吹孔膜鸣乐器类，是典型的中国民族乐器。

中国笛子历史悠久，可以追溯到新石器时代。那时先辈们点燃篝火，架起猎物，围绕捕获的猎物边进食边欢腾歌舞，并且利用飞禽胫骨钻孔吹之（用其声音诱捕猎物和传递信号），也就诞生了出土于我国最古老的乐器——骨笛。1977年浙江余姚河姆渡出土了骨哨、骨笛，距今约7 000年。1986年5月，在河南舞阳县贾湖村东新石器时代早期遗址中发掘出16支竖吹骨笛（用鸟禽肢骨制成），根据测定距今已有8 000余年历史。

音孔由五孔至八孔不等，其中以七音孔笛居多，具有与现在我们所熟悉的中国传统大致相同的音阶，骨笛音孔旁刻有等分符号，有些音孔旁还加打了小孔，与今天的中国音调完全一致，仍可用其吹奏现在的民间乐曲《小白菜》。1987年河南省舞阳县贾湖遗址出土了七孔贾湖骨笛（距今约9 000年），是世界最早的可吹奏乐器。

笛　膜

黄帝时期，即距今大约 4 000 多年前，黄河流域生长着大量竹子，开始选竹为材料制笛。《史记》记载："黄帝使伶伦伐竹于昆谿、斩而作笛，吹作凤鸣"，以竹为材料是笛制的一大进步，一是竹比骨振动性好，发音清脆；二是竹便于加工。秦汉时期已有了七孔竹笛，并发明了两头笛，蔡邕、荀勖、梁武帝都曾制作十二律笛，即一笛一律。

笛子是一根比手指略粗的长管，上面开有若干小孔。常见的六孔竹制膜笛由笛子正面的吹孔（1 个）、膜孔（1 个）、音孔（6 个），笛子背面的后出音孔（2 个）、前出音孔（2 个，又名筒音），以及笛管的笛头和笛尾组成。

吹孔是笛子的第一个孔，气流由此吹入，使管内空气振动而发音。

膜孔是笛子的第二个孔，专用来贴笛膜，笛膜多用芦苇膜或竹膜做成，笛膜经气流振动，便发出清脆而圆润的乐音。

不论中国乐器或西洋乐器，在吹孔与笛头之间，有木片塞住，称为笛头塞。笛头塞的位置是决定笛子音调的因素之一。

为了解决笛子因吹奏发热后发声频率升高的问题，在孔建华等老一辈艺术家的推动下，竹笛金属调音套管接口技术应运而生。该技术在全国乐器厂竹笛的制作中已被广泛采用，并成为中国竹笛的常规配置而普及全国。除了解决发声频率调节的问题之外，由于带接头的竹笛在接头处可以卸下，使细长的笛子分成两截，保管时无需使用长于笛身的容器，因而携带更为方便。带有接口的竹笛称为"插口竹笛"。

竹笛接口可分为"单插"和"双插"。单插型是接口铜管只有一层，内壁于竹子内壁相接并作为笛子的一部分，外壁与笛头端的铜管相插。优点是设计简单方便修理，缺点是长时间使用可能会漏气。双插型是通过两层插口解决了单插型的漏气问题。

管 子

■图与文

管子是一种吹管乐器，历史非常悠久。管子起源于古代波斯，也就是现在的伊朗。在中国古代它曾称为"筚篥"或"芦管"。在2 000多年前的西汉时期，管子已经成为中国新疆一带通用的乐器，后来管子传入中原，经过变化发展，它的演奏技艺得到了不断丰富和发展。现在，管子广泛流行于中国民间，成为北方人民喜爱的常用乐器。

管子的音量较大，音色高亢明亮、粗犷质朴，富有强烈的乡土气息。管子的构造比较简单，由管哨、侵子和圆柱形管身3部分组成。管子的用途很广，可用来独奏、合奏和伴奏，尤其在中国北方的一些乐种里，管子是非常重要的吹管乐器。管子的演奏技巧非常丰富，除了一般经常运用的颤音、滑音、溜音、吐音和花舌音外，还有特殊的打音、跨音、涮音和齿音等。除手指的技巧外，哨子含在嘴里的深浅也决定着管子发音的高低。吹奏时，利用口形的变化，还能模拟出人声和各种动物的叫声。运用循环换气法可不间歇地奏出长时值音型。　现代管子由哨、侵子和管身组成。小管哨芦苇制，一端用细钢丝扎住，另一端烙扁，直接插入管身上端，发音较高；大管哨芦竹制，插入侵子里。侵子铜制、锥形，插入管身上端。管身用长茎竹或红木制作，呈圆柱形，上开八孔（前七后一）或九孔（后二孔），外表涂漆侵腊，两端套金属圈防裂。

　　管子有大、中、小三种。管身长18～24厘米，内径0.9～1.2厘米。

小管又称高音管,是乐队中有特色的领奏乐器。中管比小管低八度。大管又称低音管,比中管低八度,在乐队中担任低音或作节奏型强拍演奏。

管子用于河北吹歌、冀东吵子会、山西八大套、西安鼓乐等民间器乐合奏、民族乐队、戏曲乐队和宗教音乐中。河北吹歌使用大管和小管,小管音色高亢明亮,宜表现活泼、热烈的旋律;大管音色深沉、浑厚,略带凄怆,长于抒情性描绘。各种管可更换不同的哨子升降音高。

笙

笙是我国古老的簧管乐器,历史悠久,能奏和声。它以簧、管配合振动发音,簧片能在簧框中自由振动。它由笙簧、笙笛、笙斗3个部分组成。乐队中经常使用的是二十一簧和二十四簧高音笙。

笙,是中国汉族古老的吹奏乐器,它是世界上最早使用自由簧的乐器,并且对西洋乐器的发展曾经起过积极的推动作用。1978年,中国湖北省随县曾侯乙墓出土了2 400多年前的几支匏笙,这是中国目前发现的最早的笙。殷代(前1401—前1122年)的甲骨文中已有"和"(小笙)的名称。春秋战国时期,笙已非常流行,它与竽并存,在当时不仅是为声乐伴奏的主要乐器,而且也有合奏、独奏的形式。南北朝到隋唐时期,竽、笙仍并存应用,但竽一般只用于雅乐,逐渐失去在历史上的重要作用,而笙却在隋唐的燕乐九部乐、十部乐中的清乐、西凉乐、高丽乐、龟兹乐中均被采用。当时笙的形制主要有十九簧、十七簧、十三簧。唐代又有了十七簧的义管笙,在十七簧之外,另备两根义管,需要时再把它临时装上去。明清时期,民间流传的笙有方、圆、大、小各种不同笙的形制。

目前所知的笙的最早实物是曾侯乙笙,共出土6个,笙管数不尽相同,有12、14、18管3种。簧片用竹制,瓠身漆成黑底绘有精美纹饰,距今已有2 400多年。笙与竽属同类乐器,竽的管数相对比笙多,为22～36根。

汉以前，笙和竽在宫廷中占居重要地位，而竽相对更受重用。笙和竽都由笙师掌教。

笙斗用葫芦制作，吹嘴由木头制成，十几根长短不等的竹管呈马蹄形状，排列在笙斗上面。唐代以后，演奏家们把笙斗改为木制，后来经过流传，又用铜斗取代了木斗，同时簧片也从竹制改为铜制。

由于笙流传的年代久远，所以在不同的地区有不同式样的笙。新中国成立后，中国的乐器制造者和音乐工作者对笙进行了不断的改革，先后试制出扩音笙、加键笙等多种新品种，克服了音域不宽、不能转调和快速演奏不便等缺点，给笙带来了新的生命力。

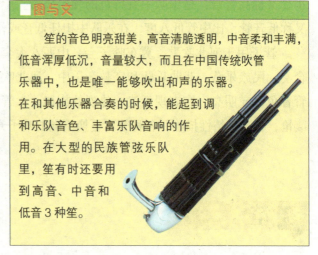

■ 图与文

笙的音色明亮甜美，高音清脆透明，中音柔和丰满，低音浑厚低沉，音量较大，而且在中国传统吹管乐器中，也是唯一能够吹出和声的乐器。在和其他乐器合奏的时候，能起到调和乐队音色、丰富乐队音响的作用。在大型的民族管弦乐队里，笙有时还要用到高音、中音和低音3种笙。

箫

箫又名洞箫，单管，竖吹，是一种非常古老的吹奏乐器。它一般由竹子制成，吹孔在上端，有六孔箫和八孔箫之分，以"按音孔"数量区分为六孔箫和八孔箫两种类别。六孔箫的按音孔为前五后一，八孔箫则为前七后一。八孔箫为现代改进的产物。

箫一般为竹制，也有玉制的玉箫和铜制的铜箫等。箫有如下分类：

洞箫是直径为2.2厘米左右，开前五后一6个音孔，通常民间流行的就是这种箫。现在有种改良洞箫，开前七后一8孔，音量比较大，转调比

较方便。

琴箫直径比洞箫略细,开前七后一8个音孔,音量比洞箫小,通常用于与古琴合奏。

现代八孔箫的管径采用洞箫的尺寸,音孔像琴箫一样开了8个音孔,称为八孔箫。

■图与文

玉屏箫直径在1.05厘米左右,比琴箫还要细,开前五后一6个音孔,常采用贵州玉屏产的黄色竹子制作。这种箫音量更小,箫外有时雕龙刻凤,一般用于自娱或作为工艺品。

吹奏方法与六孔箫(传统洞箫)完全一致,仅在指法上略有不同。这种八孔箫的优点是音量大,转调方便,一般在艺术院校最常用。

紫竹洞箫管身较粗,节数不限,音色低沉宏亮,多用于独奏或合奏。

九节箫,管身上有9个节,并刻有各种图案或文字雕饰,有的还在下端嵌着牛骨圈。管身外涂黑漆的又叫黑漆九节箫。这两种九节箫,发音淳厚、音色优美,适用于地方戏曲或轻音乐,有时也用于独奏或合奏。

箫由一根竹管做成,较曲笛长,上端留有竹节,下端和管内去节中空,吹口开在上端边沿,由此处吹气发音。在箫管中部,正面开有5个音孔,背面开有1个音孔。平列在管下端背面的两个圆孔是出音孔,可用来调音。在出音孔下面的两个圆孔为助音孔,它起着美化音色和增大音量的作用,也可用此孔栓系箫穗为装饰。箫不设膜孔,专业演奏的箫音孔增至八孔,并带有铜插口,可调节音高音低,方便于乐队的合奏。

箫依据材质和制作工艺以及音色的专业程度分为:普通箫、专业箫和精品箫。普通箫用紫竹制成,不论节数,外漆树脂漆,对材质的要求低,适合于一般演奏和练习用。专业箫选用档次较高的紫竹,制作工艺精良,适于音乐演出使用。精品箫的选材极为讲究,对竹子的长相、老结度、竹子的发音、振动以及节数都有一定的讲究,其中九节箫更是箫中珍品,都为演奏和收藏。

紫竹箫

箫的演奏技巧基本上和笛子相同,可自如地吹奏出滑音、叠音和打音等,但灵敏度远不如笛,不宜演奏花舌、垛音等表现富有特性的技巧,而适于吹奏悠长、恬静、抒情的曲调,表达幽静、典雅的情感。箫不仅适于独奏、重奏,还用于江南丝竹、福建南音、广东音乐、常州丝弦和河南板头乐队等民间器乐合奏,以及越剧等地方戏曲的伴奏。在古曲《春江花月夜》中,一开始洞箫奏出轻巧的波音,配合琵琶模拟的鼓声,描绘出游船上箫鼓鸣奏的情景,在整个乐曲中箫声绵绵,流畅抒情。此外,琴箫合奏,相得益彰,委婉动听,更能表达出乐曲深远的意境。

唢 呐

唢呐,又名喇叭,小唢呐称海笛。唢呐,在木制的锥形管上开8孔(前七后一),管的上端装有细铜管,铜管上端套有双簧的苇哨,木管上端有一铜质的碗状扩音器。唢呐虽有8孔,但第七孔音与筒音超吹音相同,第八孔音与第一孔音超吹音相同。

唢呐的音色明亮,音量大,管身木制,成圆锥形,上端装有带哨子的铜管,下端套着一个铜制的喇叭口(称作碗),所以也称喇叭。在台湾民

声音与音乐

间称为鼓吹,广东地区亦将之称为"八音",是在中国各地广泛流传的民间乐器。唢呐发音高亢、嘹亮,过去多在民间的吹歌会、秧歌会、鼓乐班和地方曲艺、戏曲的伴奏中应用。经过不断发展,丰富了演奏技巧,提高了表现力,唢呐已成为一件具有特色的独奏乐器,并用于民族乐队合奏或戏曲、歌舞伴奏。

■图与文

唢呐是中华民族吹管乐器的一种,由波斯传入,在西晋时期的新疆克孜尔石窟寺的壁画中就已经出现了唢呐演奏的绘画,最晚在16世纪就在中国的民间流传了。

唢呐是中国历史悠久、流行广泛、技巧丰富、表现力较强的民间吹管乐器。它发音开朗豪放,高亢嘹亮,刚中有柔,柔中有刚,深受广大人民喜爱和欢迎的民族乐器之一,广泛应用于民间的婚、丧、嫁、娶、礼、乐、典、祭及秧歌会等仪式伴奏。

传统唢呐的管身一共有8个孔,分别由右手的食指、中指、无名指、小指,以及左手的大拇指、食指、中指、无名指来按(惯用手不同者可换左右),以控制音高。发音的方式,是由嘴巴含住芦苇制的哨子(亦即簧片),用力吹气使之振动发声,经过木头管身以及金属碗的振动及扩音,成为唢呐发出来的声音。

唢呐的最大特色,在于其能以嘴巴控制哨子作出音量、音高、音色的变化,以及各种技巧的运用,这使得一方面唢呐的音准控制十分困难,另一方面则使得其音色音量的变化大,且可藉由音高的控制吹奏出很圆满的滑音,这些都使得唢呐成为表现力很强的乐器。而哨子的调整工夫,也因此成为唢呐演奏者必须具备的重要技术,除了哨子状况的好坏会影响省力与否及音准之外,视不同的曲子及音色需求,也必须以不同的方式作哨子

唢呐乐队

的细微调整。

客家唢呐历史悠久，据史料记载，早在1 000多年以前就"鼓手举于道路，往来人家，更阑不歇"。客家唢呐分悲调和喜调，喜调轻快、欢乐，吹奏时激昂嘹亮、和谐悦耳；悲调深沉、低吟、委婉幽怨。在民间，唢呐有着深厚的根基，一般百姓家举办婚丧寿庆、乔迁新居、过年过节时都要请几个唢呐手来庆贺热闹一番。发展到今天，送子参军、开张剪彩也要请唢呐乐队。

周家班即周家吹打班，民间又称周家唢呐班、周家鼓乐班，是以落户在安徽灵璧尹集菠林村的中国管乐大师周正玉等周氏族人为乐手成员的中国民间乐班。周家班自清末创始以来发展到现在，已传承家族六代，历经100多年沧桑。目前，男女老幼乐手共计100余人，横跨苏鲁皖浙，享誉民间海外。唢呐艺术经国务院批准，列入第一批国家级非物质文化遗产名录。

鼓

鼓的出现比较早，从目前发现的出土文物来看，可以确定鼓大约有4 500年的历史（以山西襄汾陶寺遗址早期大墓出土的土鼓为例）。在古代，鼓不仅用于祭祀、乐舞，它还用于打击敌人、驱除猛兽，并且是报时、报警的工具。随着社会的发展，鼓的应用范围更加广泛，民族乐队、各种戏剧、曲艺、歌舞、赛船舞狮、喜庆集会、劳动竞赛等都离不开鼓类乐器。

鼓的结构比较简单，是由鼓皮和鼓身两部分组成。鼓皮是鼓的发音体，

通常是用动物的皮革蒙在鼓框上，经过敲击或拍打使之振动而发声的。中国鼓类乐器的品种非常多，其中有腰鼓、大鼓、同鼓、花盆鼓等。

图与文

鼓是一种打击乐器，在坚固的且一般为圆桶形的鼓身的一面或双面蒙上一块拉紧的膜。鼓可以用手或鼓杵敲击出声。鼓在非洲的传统音乐以及在现代音乐中是一种比较重要的乐器，有的乐队完全由以鼓为主的打击乐器组成。除了作为乐器外，鼓在古代许多文明中还用来传播信息。

腰鼓相传由羯鼓演变而来，公元4世纪开始流行，唐代腰鼓因演奏中的作用不同，称为"正鼓"或"和鼓"。明代以来，"凤阳花鼓"、"花鼓灯"和淮北"花鼓戏"中多用到腰鼓，并逐渐演变为现在的形式。

腰鼓形似圆筒，两端略细，中间稍粗，两端蒙皮，鼓身有两支铁环，用带子悬挂在腰间，两手各执一木槌敲打。腰鼓无固定音高，音响清亮，既可用作伴舞乐器，也可作为舞蹈道具，表现欢快热闹的情景，是腰鼓队的主要乐器。

大堂鼓：鼓类乐器中形体较大者，多使用椿木、色木、桦木和杨木等制作鼓身，因鼓面较大，鼓皮多使用水牛皮。在鼓身上下蒙以两块面积相同的牛皮而成，平常置于木架上用两个鼓捶演奏。大鼓发音低沉而雄厚，主要用于器乐合奏、舞蹈和戏曲伴奏，也是锣鼓队中的主要乐器。

同鼓是民间流传的较大型的鼓类乐器，堂鼓的一种，广泛流行于苏南一带。同鼓的鼓身呈桶形，中间略宽，鼓高约60厘米，多用椿木、色木、桦木或杨木制作，两面蒙以牛皮，鼓面直径约50厘米。鼓身中部装有3个鼓环，用以穿系鼓带或作悬挂之用。

演奏时，将同鼓悬空挂于木制三脚架上，以红木或其他硬质木料制作的双棰敲击，用于民间器乐合奏、舞蹈、戏曲伴奏和喜庆节日里群众性的锣鼓队。在锣鼓队行进时，可系带悬挂在身上演奏。奏法有单打、双打、滚击、闷击等技巧。敲击鼓心、鼓边、鼓框，由鼓心逐渐向鼓边去奏，或由鼓边逐渐向鼓心敲击，均可取得不同的音色变化。

在器乐合奏"十番鼓"、"十番锣鼓"中，同鼓与板鼓由一人兼奏，击鼓技巧尤为繁复，用轻重击、轻重滚、连滚带击或多种奏法的交互组合使用，可以演奏出风格迥异的鼓段（或称"鼓牌子"）。

花盆鼓因鼓面大、鼓底小、状如花盆而得名。由堂鼓演变而来，也称"南堂鼓"。由于形状似缸，还有"缸鼓"之名。现已广泛用于京剧等各种地方戏剧和歌舞伴奏、器乐合奏及独奏。

花盆鼓的鼓身高60厘米，鼓上面直径57厘米，鼓的下皮比上皮小一倍，直径为28.5厘米，鼓身周围绘有民族风格的金色云龙图案，形象栩栩如生，并附用特制的鼓架。鼓身多用椿、杨或柳木制作，经车旋而成。鼓皮用水牛皮或旱牛皮，但上面鼓皮以用牛的脊背皮为好。演奏花盆鼓时，以木槌敲击上面鼓皮而发音，音色低沉雄厚，比堂鼓柔和，并可奏出不同的音调。

康加鼓

中国与美索不达米亚、古埃及、古印度，同为世界上鼓的最早发源地。历史上，中国鼓传至邻国，如朝鲜、日本，同时也吸收了许多外来鼓。中原地区以中国传统鼓为主流，边疆少数民族的鼓既受传统鼓影响，也受外来鼓特别是阿拉伯与印度鼓的影响。

中国传统的鼓多

声音与音乐

源于中原，秦汉前已有20余种。虽大小高矮不同，但几乎都是粗腰筒状。当时已用于诗、乐、舞以及劳动、祭祀、战争和庆典之中。从秦、汉到清代，中原地区原有的各种传统鼓几乎都得以保留并有所发展，而以阿拉伯和印度为主的外来鼓，虽然曾在中原长期流行并具有重要的地位，但后期日渐衰落以至失传，仅在文献中留下了一些不详的记载，例如檐鼓、齐鼓、鸡娄鼓、羯鼓、答腊鼓、都昙鼓、毛员鼓等。

古代，大鼓多用于报时、祭祀、仪仗或军事。作为报时的大鼓又称"戒晨鼓"，常放置在城池的鼓楼之上。北京鼓楼上的大鼓制于清代，是专门作为公共报时用的，鼓面直径达1.5米，曾有"鼓王"之称。每到夜间报更时分，钟鼓楼上钟鼓齐鸣，低沉的鼓声传播全城。直到1915年，钟表普遍使用后，它才成为供人们观赏的文物。在北京天坛，也藏有一面清代制造的大鼓，面径1.5米，高约2米，是过去皇帝祭天时才使用的。

西洋的鼓有大鼓、小鼓、定音鼓、康加鼓、邦哥鼓、爵士鼓等。

小鼓（又称小军鼓、响弦鼓），是一种具有响弦横置在鼓面的打击乐器。常出现于军乐队、管弦乐团、管乐团等，以一线或者低音谱记谱。

定音鼓是打击乐器的一种。定音鼓是管乐队或交响乐队中的基石。

康加鼓是打击乐器的一种。一般为直径40厘米，高度约为1米的鼓，常见为两个一组。

邦哥鼓是鼓的一种，多为两个一组，直径及高度均约为30厘米，常用于拉丁音乐。

爵士鼓又名架子鼓，此乐器集合许多打击乐器为一体而由一人演奏。

二胡是中华民族乐器家族中主要的弓弦乐器（擦弦乐器）之一。唐朝便出现胡琴一词，当时将西方、北方各民族称为胡人，胡琴为西方、北方

图与文

二胡又名"胡琴"，唐代已出现，称"奚琴"，是北方的民间乐器。一般认为今之胡琴由奚琴发展而来，现已成为我国独具魅力的拉弦乐器。它既适宜表现深沉、悲凄的内容，也能描写气势壮观的意境。

民族传入乐器的通称。至元朝之后，明清时期，胡琴成为擦弦乐器的通称。

意境深远的《二泉映月》、催人泪下的《江河水》、思绪如潮的《三门峡畅想曲》、宏伟壮丽的《长城随想》、奔腾激昂的《赛马》、《战马奔腾》等协奏曲等都是其优秀的代表性曲目。20世纪20年代，二胡能发展成为独奏乐器和华彦钧（阿炳）、刘天华的贡献是分不开的。通过许多名家的革新，二胡成为一种重要的独奏乐器和大型合奏乐队中的弦乐声部的重要乐器。

二胡形制为琴筒木制，筒一端蒙以蟒皮，张两根金属弦，定弦内外弦相隔纯五度，其演奏手法十分丰富，左手有揉弦、自然泛音、人工泛音、颤音、垫指滑音、拨弦等，右手有顿弓、跳弓、颤弓、抛弓等。

二胡和其他弓弦乐器的构造基本相同，分为琴杆、琴筒、琴轴及琴弓等部件。除琴弓为竹制外，其他部件均为木制。琴筒主要分圆八角和方六角两种，此外还有扁圆筒、圆筒等形制。二胡琴筒一侧蒙有蟒皮，这与中胡、高胡相同，而板胡琴筒是用椰子壳制作的，一侧则用木版粘住。京胡几个部件都是用竹子制成的（琴轴为木制），但其琴筒一侧是用蛇皮蒙制的。几种乐器的尺寸属中胡最大，其次为二胡、板胡、高胡、京胡。

各种乐器不同的加工材料和形制等诸多因素都会影响其音色。二胡的音色具有柔美抒情的特点，发出的声音极富歌唱性，宛如人的歌声，形成这一特点的原因，一方面取决于它的内外定弦的音高与弦的张力适宜，另一方面是由于琴筒的一侧是用蟒皮蒙制的，因此在一般演奏时，无需大力度按弦和大力度运弓，即可发出平和柔美之声。

　　板胡和京胡的定弦相对二胡较高，由于它们弦的张力比较大，因此演奏时左右手用的力度相对要比二胡大，才能获得该乐器洪亮的音色。在传统演奏板胡的方法中，特别是在戏曲音乐的伴奏中，我们常常看到演奏者左手的手指带有铁箍，这是为了加大手指按弦的力度，以获得其扬刚之声。在演奏京胡时，为了增加弓毛与弦之间的摩擦力，则把松香点燃后直接滴在琴筒上，以发出高亢、清脆之声。当然，京胡之所以能发出这样的音色，与其用竹制琴筒小、用较薄的蛇皮蒙制有一定的关系。

　　高胡虽然琴筒也比较小，虽然定弦也比二胡高，但由于它是木制的，琴筒是用蟒皮蒙制，因此在演奏时不必用像演奏京胡或板胡时那样大的力度即可获得高亢悠扬的音色。

　　中胡的琴杆和琴筒都要比二胡长和大，定弦比二胡低四度，弦也比二胡弦粗。演奏时，左右手用的力度相对也比二胡要大，由于琴筒也用蟒皮蒙制，所以发出的声音既浑厚又圆润。

马头琴

　　马头琴是蒙古民族的代表性乐器，不但在中国和世界乐器的家族中占有一席之地，而且也是民间艺人、牧民家中所喜欢的乐器。马头琴所演奏的乐曲，具有深沉粗犷激昂的特点，体现了蒙古民族的生产、生活和草原风格。马头琴是一种两弦的弦乐器，有梯形的琴身和雕刻成马头形状的琴柄，为蒙古族人民喜爱的乐器。

　　有人曾经说过，对于草原的描述，一首马头琴曲的旋律，远比画家的色彩和诗人的语言更加传神。这话十分贴切。当一首悠扬的马头琴曲在人们耳边奏响时，你随着那旋律闭目冥思吧……

　　马头琴是适合演奏蒙古古代长调的最好的乐器，它能够准确表达出蒙古人的生活，如辽阔的草原、呼啸的狂风、悲伤的心情、奔腾的马蹄声、

图与文

马头琴是中国蒙古族民间拉弦乐器。蒙古语称"绰尔"。琴身木制,长约1米,有两根弦,共鸣箱呈梯形,声音圆润,低回宛转,音量较弱。相传有一牧人怀念死去的小马,取其腿骨为柱,头骨为筒,尾毛为弓弦,制成二弦琴,并按小马的模样雕刻了一个马头装在琴柄的顶部,因而得名。郭小川《平炉王出钢记》诗中有:"牧区的人们听说钢花喷,蒙古包里拉起了马头琴。"

欢乐的牧歌等。与此相关,元代的蒙古民族乐器,其总体地位有了明显的提高,不仅仅是用于舞蹈和歌曲伴奏,而且还产生了纯器乐曲,如《海青拿天鹅》、《白翎雀》等,确实有了长足的进步。

到18世纪初,马头琴的外观及结构有了很大的变化。随着马头琴琴体的革新,马头琴的演奏技巧也有了新的创造和发展,涌现出不少民间说唱演奏家。

马头琴的历史悠久,从唐宋时期拉弦乐器奚琴发展演变而来。成吉思汗时(1155—1227)已流传民间。据《马可·波罗游记》载,12世纪鞑靼人(蒙古族前身)中流行一种二弦琴,可能是其前身。明清时期用于宫廷乐队。

传统的马头琴,多为马头琴手就地取材、自制自用,故用料和规格尺寸很不一致,通常分为大、小两种,分别适用于室外或室内演奏。大者,琴体全长100~120厘米,琴箱长26~30厘米、下宽22~28厘米,宜室外演奏使用;小者,琴体全长70厘米左右,琴箱长20厘米、下宽18厘米左右,宜室内演奏使用。

马头琴是属于指板类型的拉弦乐器,不设千斤,从山口到琴马的一段琴弦为有效弦长。它最突出的特点是,琴箱的面、背两面都蒙皮膜,这和一般拉弦乐器只正面(筒前口)蒙皮、背面(筒后口)设音窗或呈开口式是不同的。用马尾弓摩擦马尾弦,发出的声音甘美、浑厚、悠扬、动听,

声音与音乐

这在中外拉弦乐器中都是极为独特的。

在辽阔的内蒙古自治区和蒙古族聚居的省、区，人们喜爱马头琴，除作为独奏乐器外，常用于说唱（蒙语说书）、民歌和舞蹈伴奏或与四胡等乐器合奏。传统的马头琴音量较小，只适于在蒙古包和室内演奏。经过改革以后，马头琴的艺术造型更加完美，音量和音域得到显著扩大，已完全适于在舞台或室外演奏，它不仅能够拉奏，还可拨弦弹奏，已成为出色的独奏乐器。它还经常参加民族乐队演奏，并成为内蒙古乌兰牧骑（文艺宣传队）的主要乐器，最擅长演奏柔和细腻的抒情曲调，特别适宜演奏悠长辽阔的旋律和为长调民歌伴奏。柔和与幽静的时候听，感觉很美，很清新；欢乐的时候听，令人不由自主地手舞足蹈起来……

小提琴

小提琴是一种超擦奏弓弦的鸣提乐器，广泛流传于世界各国，是现代管弦乐队弦乐组中最主要的乐器。它在器乐中占有极重要的位置，是现代交响乐队的支柱，也是具有高难度演奏技巧的独奏乐器。

几个世纪以来，世界各国的著名作曲家写作了大量的小提琴经典作品，小提琴演奏家在这种乐器上注入了灵魂，发展了精湛的演奏艺术。小提琴既可以合奏，又可以进行独奏。

小提琴是一种4条弦的弓弦乐器，是提琴家族中的主要成员。该族系中的其他成员是：中提琴、大提琴和低音提琴。现代小提琴起源于意大利的克瑞莫纳，在1600—1750年间成为最大的小提琴制作中心。著名的制琴大师有：Nicola Amati（尼古拉·阿马蒂）、Antonio Stradivari（安东尼奥·斯特拉底瓦里），及Giuseppe Guarneri（吉塞浦·瓜奈里）。他们制造的乐器至今都是无价之宝。

小提琴由30多个零件组成，其主要构件有琴头、琴身、琴颈、弦轴、

图与文

现代小提琴的出现已有300多年的历史,是自17世纪以来西方音乐中最为重要的乐器之一,誉为"乐器皇后",其制作本身是一门极为精致的艺术。小提琴音色优美,接近人声,音域宽广,表现力强,从它诞生那天起,就一直在乐器中占有显著的地位,为人们所宠爱。如果说钢琴是"乐器之王",那么小提琴就是"乐器中的王后"了。

琴弦、琴马、腮托、琴弓、面板、侧板、音柱等。小提琴共有4根弦,分为1弦(E弦)、2弦(A弦)、3弦(D弦)和4弦(G弦)。

小提琴琴身(共鸣箱)长约35.5厘米,由具有弧度的面板、背板和侧板粘合而成。面板常用云杉制作,质地较软;背板和侧板用枫木,质地较硬。琴头、琴颈用整条枫木,指板用乌木。小提琴的音质基本上取决于它的木质和相应的结构,取决于木材的振动频率和它对弦振动的反应。优质琴能把发出的每个声音的基音和泛音都同样灵敏地传播出去。

小提琴有琴弦4根,原均为羊肠制的裸弦。约从18世纪起,低音G弦常包以银丝,使其反应灵敏。现代则将G、D、A三根弦用缠金属丝的羊肠弦或钢丝缠弦,晚近也用尼龙弦。E弦改用钢丝弦,使其在高音区的音色更佳。

小提琴制作成现代这种样式,并非完全从形态美观出发,而是有其音响上和演奏上的需要。小提琴面板和背板有弧度,使其共鸣良好,发音洪亮;琴的腰身狭窄,便于演奏高把位和低音弦;面板和背板加嵌条,除防止木板开裂外,对琴的音质也起一定作用。面板与背板中间有音柱支撑,其位置变化对小提琴音色影响明显。面板左下面粘低音梁,既起加固作用,又具音响作用。小提琴表面的油漆如太硬、太软,或漆得不匀,都会有损

声音与音乐

于音质。当琴弓与琴弦摩擦使琴弦振动时,通过琴马引起面板振动,又通过音柱使背板振动,E 弦振动较少,而 G 弦振动较大,从而使低音梁有更大的振动,并造成共鸣箱振动。能否使琴声得以充分发挥,取决于琴弦及其张力、琴马质量、运弓的压力和速度。要想把琴的各种音质都表达出来,还要加上演奏者的弓法、指法和揉弦、弹弦等演奏技巧。

琴弓作为乐器的附加物,最早出现在拜占庭帝国时代,但其价值就如平民老百姓一般身份低下,究其原因是与弹拨方法所产生的声音相比,运弓生成的音质实在是太弱。到 11 世纪,伊斯兰征服者入侵西班牙时,把琴弓带到了欧洲,不到 100 年的时间即为西欧社会所熟悉,并被广泛使用。

科雷利是意大利小提琴学派的奠基人。他确认小提琴本质是一种歌唱性乐器。他所写的奏鸣曲,在快板乐章中摒弃了那些非音乐性的效果,而着力于辉煌、有活力的旋律塑造。他的慢板乐章,富于歌唱性,从而形成鲜明的对比。他的富于歌唱性的演奏特点,为意大利学派奠定了基础。A·维瓦尔迪是意大利学派创作小提琴协奏曲的代表人物。他是采用乐队为小提琴伴奏的首创者。他的这一创举,使协奏曲具有交响性,并增添了戏剧性。G·塔尔蒂尼是 18 世纪欧洲最著名的小提琴演奏家,是意大利学派的代表人物。他根据科雷利作品的主题写了 50 首变奏曲,使小提琴弓法艺术得到巨大的发展。他奠定了由 3 个乐章组成的早期小提琴奏鸣曲的曲式。他的代表作《魔鬼的颤音》是 18 世纪小提琴演奏艺术的高峰。

为小提琴塑身

2 厘米长小提琴

2.55厘米，广州老琴师陈连枝用了7年时间。2002年1月24日，有报道《欲创蚂蚁提琴吉尼斯》，那时陈连枝可以造出3.55厘米长的小提琴，可吉尼斯世界纪录最小是2.2厘米。7年后，他倾力打造出的小提琴身长仅有1厘米，已经向吉尼斯申报。

筝

筝，又称古筝、秦筝，是一种中国传统弹弦乐器，深深植根于中国民间音乐文化，有着悠久的历史。古筝音域宽广，音色清亮，表现力丰富，一直深受大众喜爱。筝是我国古老的弹拨乐器之一，流传至今已有2 000多年的历史，故被俗称为"古筝"。

筝在汉、晋以前设12弦，后增至13弦、15弦、16弦及21弦。古筝名曲有：《渔舟唱晚》、《高山流水》、《寒鸦戏水》、《汉宫秋月》、《蕉窗夜雨》等。

筝是一种多弦多柱的弹拨乐器。筝外形扁长方形，主要取材于梧桐木，琴面张弦。它的外形近似于长箱形，中间稍微突起，底板呈平面或近似于平面。筝的头部有缓缓而落的筝脚。在木制箱体的面板上张设筝弦。在每条弦下面安置码子，码子可以左右移动，用来调整音高和音质，且可用于转调。

最初为5弦，

筝

声音与音乐

经过9弦的过渡，战国末期发展为12弦。唐以后为13弦，明、清以后15、16弦，20世纪60年代逐渐增至18弦、21弦、25弦，并改传统丝弦为钢丝弦或尼龙缠弦。以后又试制出有变音装置的快速转调筝和以十二平均律定弦的蝶式筝。

■ 图与文

蝶式筝，由上海音乐学院研制。它的外形如蝶，筝体犹如两个筝并在一起，采用一个共鸣体。在五声音阶定弦的某些弦距之间增加了半音或变化音，还装有弦钩，以改变某些定弦音的音高。

筝是一种长方形的多弦多柱乐器，其组成部分有：面板、底板、筝头、筝边、筝尾、岳山、码子、琴钉、音孔、筝弦。

筝的拨奏在民间广大地区的流传中，融合地方民间音乐，形成有不同音乐风格和演奏技法的地方流派。近代以河南、山东、潮州、客家、浙江等流派较有名。河南筝曲分小曲和板头曲两部分，代表曲目有《天下大同》、《闺怨》、《新开板》等；山东筝曲源于山东琴曲、山东琴书的唱腔曲牌及民间小调，代表曲目有《汉宫秋月》、《鸿雁传书》、《凤翔歌》等；潮州筝曲分套曲和小曲两大类，代表曲目有《寒鸦戏水》、《粉红莲》、《昭君怨》等；客家筝曲分大调、串调、小调3类，代表曲目有《出水莲》、《崖山哀》、《薰风曲》等；浙江筝曲以民间乐曲和小调为主要内容，代表曲目有《云庆》、《高山流水》、《海青拿天鹅》等。

琵 琶

历史上的所谓琵琶，并不仅指具有梨形共鸣箱的曲项琵琶，而是多种

科学第一视野 | KEXUE DIYI SHIYE

■ 图与文

琵琶被称为"民乐之王"、"弹拨乐器之王"、"弹拨乐器首座",拨弦类弦鸣乐器,南北朝时由印度经龟兹传入内地。木制,音箱呈半梨形,张四弦,原先是用丝线,现在用钢丝、钢绳、尼龙线制成。颈与面板上设用以确定音位的"相"和"品"。演奏时竖抱,左手按弦,右手五指弹奏,是可独奏、伴奏、重奏、合奏的重要民族乐器。

弹拨乐器,其名"琵"、"琶"是根据演奏这些乐器的右手技法而来的。也就是说琵和琶原是两种弹奏手法的名称,琵是右手向前弹,琶是右手向后挑,所以说当时的"琵琶"形状类似,大小有别,如现在的柳琴、月琴、阮等,都可说是琵琶类乐器。琵琶是我国历史悠久的主要弹拨乐器。经历代演奏者的改进,至今形制已经趋于统一,成为六相二十四品的四弦琵琶。

琵琶音域广,演奏技巧为民族器乐之首,表现力更是民乐中最为丰富的乐器。演奏时左手各指按弦于相应品位处,右手戴赛璐珞(或玳瑁)等材料制成的假指甲拨弦发音。

琵琶是由"头"与"身"构成,头部包括弦槽、弦轴、山口等,身部包括相位、品位、音箱、覆手等。

琵琶由6个相、24个品构成了音域宽广的十二平均律。其一弦为钢丝,二、三、四弦为钢绳尼龙缠弦。琵琶发声十分特殊,它的泛音在古今中外的各类乐器中居首位,不但音量大,而且音质清脆明亮,同时琵琶发出的基音中又伴有丰富的泛音,这种泛音能使琴声在传播中减小,具有较强的穿透力,在平静的空旷地弹奏时,用它演奏重强音时的琴声能传到1千米以外。

优质琵琶的发音特点是：穿透力强（衰减小，传得远）。高音区明亮而富有刚性，中音区柔和而有润音，低音区音质淳厚。《琵琶行》所描绘的"大弦嘈嘈如急雨，小弦切切如私语，嘈嘈切切错杂弹，大珠小珠落玉盘"，"银瓶乍破水浆迸，铁骑突出刀枪鸣。曲终收拨当心划，四弦一声如裂帛"，已不再是诗人的艺术夸张，而是当代琵琶名副其实的演奏效果。

在唐代，我国有多种乐器传入日本，其中在公元756年，传入日本的螺钿紫檀琵琶，藏于日本奈良东大寺的正仓院中。这张用紫檀木制成的五弦琵琶，工艺精细，通体施有螺钿装饰，腹面上还嵌有一骑驼人抚琵琶的画面，它已成为世界艺术宝库中的稀世珍品。

朝鲜亦把鲁特琴族弹拨乐器称为琵琶，当时的琵琶是直颈的。后来，新罗从中国唐朝传入的唐式琵琶，为了区别，把之前已有的琵琶称为"乡琵琶"，把传入的唐式琵琶称为"唐琵琶"。据《三国史记》载，新罗乐中，玄琴、伽倻琴、琵琶3种弦乐器与大笒、中笒、小笒3种管乐器合称为"三弦三竹"。当时的琵琶以玳瑁制的拨子弹奏。

钢　琴

钢琴与小提琴、古典吉他并称为世界三大乐器。人们所说的乐器之父就是钢琴，而乐器之母是小提琴，乐器王子是古典吉他。钢琴是源自西洋古典音乐中的一种键盘乐器，由88个琴键和金属弦音板组成，普遍用于独奏、重奏、伴奏等演出，作曲和排练音乐十分方便。弹奏者通过按下键盘上的琴键，牵动钢琴里面包着绒毡的小木槌，继而敲击钢丝弦发出声音。

世界上第一台钢琴，由意大利人克里斯托弗里于1710年前后在佛罗伦萨制造出来，当时取名为"弱和强"。后来，几乎所有语种都称钢琴为Piano，就是Pianoe forte的简称。

仅从钢琴本名为"弱和强"这一点已经说明，演奏者能随心所欲地弹

图与文

在世界各国的成千上万种古今乐器中,现代钢琴被众多的音乐家们誉为"乐器之王"。这不仅是由于它的体积最大、内部结构最复杂,更主要是由于它优良全面的性能和广泛的用途都是其他任何乐器(除为数不多的教堂、音乐厅中的管风琴外)无法与之相比拟的。

出弱、强、渐弱、渐强、突弱、突强等力度变化、对比,这是钢琴的发音原理与古钢琴的根本不同之处。这一点不同,对钢琴演奏艺术的发展、对钢琴曲创作的推动都有重大意义,这已由后来的钢琴音乐史所验证。克里斯托弗里的巨大贡献,就在于此。

万事开头难,尽管他制造的那台钢琴与我们今天常见的三角钢琴(即平台式钢琴)和立式钢琴相比,还是大不相同的,但毕竟Piano是在克里斯托弗里手里诞生的。之后的几百年间,又经各国无数的能工巧匠,从型制、结构、材料、音域、音色、音量等方面不断予以改进,才成为今天的样子。

现代钢琴主要有两种形式:一为直立式钢琴,一为三角平台式。直立式里有标准尺寸及小号直立琴,三角平台琴则有许多尺寸,从最小到演奏会使用的大型平台钢琴。早期钢琴中还有一种长的四方形样式及直立起来的三角形钢琴。钢琴基本上有85～88个琴键,钢琴有2～3个踏板,最重要的有两个,一个在右,叫强音踏板,促使所有断音装置被解除,令任何弦被击时能自由地震动,直到踏板被解放;在左边的叫柔音踏板,是一个能造出柔和的声音的踏板。